PRÉSENCE 3

DIEU, LE COSMOS, LE PARANORMAL, ET LES EXOCIVILISATIONS

LA THÉORIE COSMOBIOPHYSIQUE DES 3/3

V3.5

DÉJÀ PARU DU MÊME AUTEUR :

Présence, Ovnis, Crop Circles et Exocivilisations.
  Éditions Morpheus 2007 – 978-2-919600-18-2

Présence et le dossier Ummo. DVD 60 min.
  UMMO WORLD Publishing 2011—978-2-919600-14-4

Présence 2, Le langage et le mystère de la planète UMMO révélés.
  UMMO WORLD Publishing 2011–978-2-919600-21-2

UMMO « Dictionnaire Oummain »
  UWP 2004—978-2-919600-08-3

Présence 3, Dieu, le Cosmos, le paranormal et les Exocivilisations.
  UMMO WORLD Publishing 2013—978-2-919600-29-8

Présence 4, Vers un Nouveau Monde…avec les Exocivilisations

  UMMO WORLD Publishing 2013—9782919600335

Presence, UFOs, Crop Circles and Exocivilizations
  UMMO WORLD Publishing 2009—978-2-919600-00-7

Presence 2, The language and the mystery of the UMMO planet disclosed
  UMMO WORLD Publishing 2012—978-2-919600-23-6

Presence and the Ummo planet file. DVD 60 min -
  UWP 2011—978-2-919600-13-7

Presence 3, God, Cosmos, Paranormal activity and Exocivilizations
  UMMO WORLD Publishing 2014—978-2-919600-31-1

Presence, OVNIS, Círculos en los cultivos y Exocivilizaciones
  UMMO WORLD Publishing 2012—978-2-919600-16-8

Presencia 2, El lenguaje y el misterio del planeta Ummo revelados
  UMMO WORLD Publishing 2012—978-2-919600-22-9

Presencia y el archivo Ummo. DVD 60 mns -

  UWP 2011 - 978-2-919600-24-3

Presencia 3, Dios, el Cosmos, lo Paranormal y las Exocivilizaciones
  UMMO WORLD Publishing 2014—978-2-919600-32-8

CD MUSICAUX:

UMMO MUSIC, IXINAA—978-2-919600-15-1

UMMO MUSIC, LIKE 2 OEMMIIs—978-2-919600-17-5
http://www.ummomusic.com

Denis Roger
DENOCLA

PRÉSENCE 3

DIEU, LE COSMOS, LE PARANORMAL, ET LES EXOCIVILISATIONS

LA THÉORIE COSMOBIOPHYSIQUE DES 3/3

V3.5

ÉDITIONS UMMO WORLD PUBLISHING

Ce livre est le troisième ouvrage de la série Présence. Il porte la réflexion dans une perspective d'innovation de pensée et de recherche, à partir des éléments contenus dans les documents oummains.

Des résultats cosmologiques transcendantaux expliquant de nombreux mystères et ce que nous appelons le Réel et Dieu !

LES THÉSES RÉVOLUTIONNAIRES DE

LA THÉORIE COSMOBIOPHYSIQUE DES 3 TIERS

POUR UNE NOUVELLE RATIONALITÉ

☐ La théorie Cosmobiophysique des 3/3

☐ L'émergence du vivant dans le cosmos

☐ L'Ame et DIEU : des concepts cosmologiques rationnels

☐ La télépathie expliquée

☐ Un modèle rationalisé pour la communication avec les Esprits

☐ L'Expérience de Mort Imminente élucidée

The root cause of everything is ignorance

Sources des documents oummains : www.ummo-ciencias.org, www.ummo-sciences.org, www.denocla.com, et collections privées.
Images originales : remerciements spéciaux à UMMOAELEWEE.
Illustrations numériques : Davy H. — © D. R. DENOCLA
Photo portrait : Frédérique Blat — © D. R. DENOCLA
Mise en page : Marc Henninot

UMMO WORLD Publishing
8 Esp. de la Manufacture
92136 ISSY LES MOULINEAUX

TABLE DES MATIÈRES

PRÉSENCE 3

Le Savoir pour qui et pourquoi ?
D. R. DENOCLA

REMERCIEMENTS

Je dédie cet ouvrage à tous les OEMMII GAEOAO AIOOYAAO du WAAM.

Je tiens à exprimer ma gratitude à toutes les personnes qui m'ont amicalement aidé pour explorer de nouvelles pistes de recherche.

Les résultats produits au fil des ouvrages de la série Présence sont le fruit d'un travail collaboratif. La volonté de tous les participants à ces ouvrages, et celui-ci en particulier, est de partager des connaissances dans l'esprit des valeurs humanistes. Les longues heures d'échanges de cette équipe bénévole et internationale sont la marque d'un attachement aux valeurs scientifiques qui fait prévaloir l'intérêt général de la connaissance sans tabous.

Je salue la bienveillance et l'altruisme des amis chercheurs qui souhaitent rester anonymes, ainsi que Alain Ceria, Anton Parks, Chris Cooper, Christopher Blake, Clifford Mahooty, Daniel Verney, Elio Flesia, Gilbert Attard, Jean-Jacques Pastor, Jérémie Filet, Laurent Le Bideau, Manuel Rotaeche Landecho, Marc Pezeril, Marie-Hélène Groussac, Monique Aubergier, Nancy Talbott, Norman Molhan, Thierry Keller, et tout particulièrement Michel Marcel, feu Gérard Pécoul, Philippe Douillet et Frédéric Morin du journal Morphéus.

D.R. DENOCLA

LA THÉORIE COSMOBIOPHYSIQUE DES 3 TIERS

INTRODUCTION

Dans le premier ouvrage nous avons vu les points clés de la compréhension du phénomène ovni, les motivations de la présence des entités E.T. en général. Nous avons aussi montré dans quelles conditions nos visiteurs voyageaient. L'extraordinaire effort psychologique que cela peut nécessiter était cependant soutenu par des éléments factuels et statistiques forts, telles les photos des Crop Circles et dans le second ouvrage, par le décodage du langage Oummain basé sur des documents factuels consultables par tous. Dans *Présence, Ovnis, Crop Circles et Exocivilisations* nous avions évoqué la thèse dite de la Pax Galactica de la présence discrète, mais active et globalement pacifique, d'exocivilisations sur notre sol, ainsi que l'ouverture sur un immense champ de connaissances inconnues, caractérisées par un mystérieux langage déchiffré dans *Présence 2, Le langage et le mystère de la planète UMMO révélés*.

Ce troisième tome postule ces éléments assimilés, les ouvrages Présence 1 et 2 sont des prérequis qui facilitent la compréhension de certains concepts nouveaux présentés dans Présence 3. Toutefois, même sans aucune connaissance en physique ou en mathématique, tous les concepts seront compréhensibles pour vous.

Il s'agit de porter la réflexion dans une perspective d'innovation de pensée et de recherche, à partir des éléments contenus dans les documents oummains et ceux issus des connaissances terrestres. Cette démarche mixte est donc, en soi, déjà hors du commun et nécessite un réel effort intellectuel associé à un investissement psychologique personnel important. Nous ferons les liens historiques et culturels avec les théories scientifiques terrestres pour éclairer les concepts nouveaux.

Nous reprendrons dans ce tome 3 des concepts déjà évoqués dans les ouvrages précédents en les précisant et en explorant de nouvelles voies… Par le fait, nos connaissances en physique, cosmologie, biologie, doivent être entièrement révisées. J'expliquerai ma lecture de la théorie cosmologique des Oummains et en particulier les objets cosmologiques transcendantaux que nous appelons le Réel et Dieu, tout signalant les apports des grands penseurs terriens du passé.

Nous présenterons des hypothèses totalement nouvelles, notamment sur une possible composante universelle que j'ai appelé constante kryptonique et qui conduirait à l'émergence du Vivant. Nous évoquerons l'Évolution des espèces et de l'Homme suivant ma lecture des documents oummains. Nous traiterons quelques sujets compliqués qui dépassent l'entendement de la science contemporaine qui les rejette dans la catégorie des phénomènes paranormaux, faute de pouvoir les expliquer.

Nous expliquerons que ces phénomènes connus et partiellement reconnus par la science officielle politiquement correcte, sont tout à fait normaux, mais nécessitent un changement de paradigme énorme pour faire sens dans un nouveau cadre rationnel. Ainsi, nous essaierons de comprendre les possibilités de communications avec les esprits, en quelle mesure une certaine forme de réincarnation est possible et quelles en sont ses limites. Nous traiterons des sujets relatifs à ce que l'on appelle usuellement L'Ame ou BUAWA. Nous nous interrogerons, sur comment les astres pourraient influer sur le psychisme humain, comment à terme l'Homme pourra-t-il développer la communication télépathique et quel pourra-t-être son devenir évolutif ?

Voilà donc autant d'objectifs extraordinairement ambitieux et révolutionnaires pour lesquels ce volume propose des explications

L'auteur interdit strictement la référence à ses
recherches à des fins religieuses.

LA *THÉORIE COSMOBIOPHYSIQUE DES 3 TIERS*

La *Théorie Cosmobiophysique des 3 Tiers* est un ensemble de thèses originales qui décrivent une nouvelle rationalité. Cette théorie explique tous les phénomènes restés inexpliqués par la science du XXIème siècle.

Elle englobe des connaissances scientifiques actuelles et passées, des intuitions de la Métaphysique d'une manière rationalisée, une vision exogène apportée par l'exocivilisation d'UMMO et de nombreux développements innovants réalisés en collaboration avec des experts internationaux dans les divers domaines abordés.

La *Théorie Cosmobiophysique des 3 Tiers* peut réellement être qualifiée de révolutionnaire, car le paradigme qui en découle est sans aucune mesure avec le vieux monde qu'elle nous fait quitter… C'est là, la seule difficulté à laquelle vous serez confronté à sa lecture qui sera toujours rédigée le plus simplement possible avec des termes définis. Les thèses incluses dans la *Théorie Cosmobiophysique des 3 Tiers* sont :

☐ un nouveau paradigme complet :

- 1er tiers une nouvelle approche cosmologique

- 2ème tiers une nouvelle approche de la biologie

- 3ème tiers une nouvelle approche physique

☐ une nouvelle logique

☐ une nouvelle thèse évolutionniste :

- sur l'émergence du vivant

- l'évolution orientée du vivant

- les flux d'information d'une espèce vivante

- l'émergence et l'évolution de l'homme

☐ une rationalisation de :

- l'influence des astres sur le psychisme

- la communication télépathique

- la communication avec les esprits

Nous évoquerons les différents contextes épistémologiques au fil de l'avancée de notre exposé. Nous comparerons les thèses et théories terrestres avec les thèses de la Biocosmophysique présentée par nos amis d'UMMO. Pour faciliter la compréhension de tous, nous illustrerons chaque principe par un ou plusieurs exemples très concrets.

Genèse de la Théorie des 3 tiers

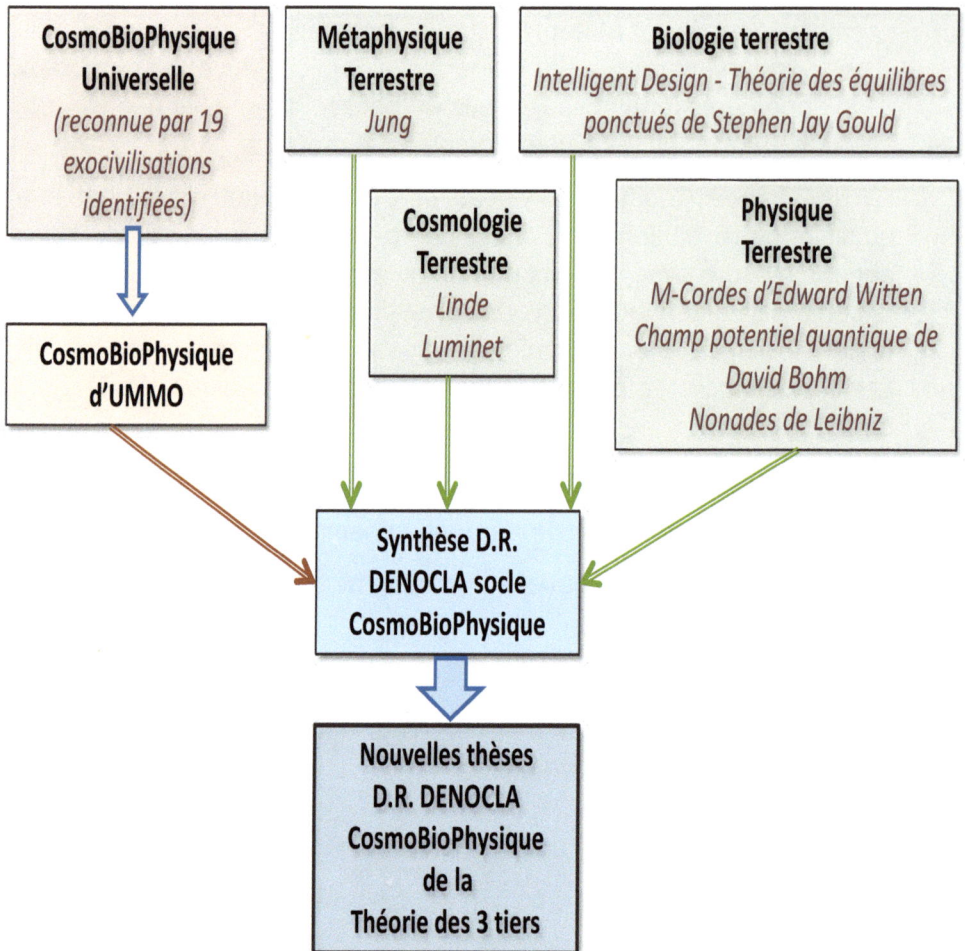

CosmoBioPhysique Universelle
(reconnue par 19 exocivilisations identifiées)

Métaphysique Terrestre
Jung

Biologie terrestre
Intelligent Design - Théorie des équilibres ponctués de Stephen Jay Gould

Cosmologie Terrestre
Linde
Luminet

Physique Terrestre
M-Cordes d'Edward Witten
Champ potentiel quantique de David Bohm
Nonades de Leibniz

CosmoBioPhysique d'UMMO

Synthèse D.R. DENOCLA socle CosmoBioPhysique

Nouvelles thèses D.R. DENOCLA CosmoBioPhysique de la Théorie des 3 tiers

Nous évoquerons les différents contextes épistémologiques au fil de l'avancée de notre exposé. Nous comparerons les thèses et théories terrestres avec les thèses de la Biocosmophysique présentée par nos amis d'UMMO. Pour faciliter la compréhension de tous, nous illustrerons chaque principe par un ou plusieurs exemples très concrets.

⌧

Un nouveau paradigme cosmologique

Cette présentation du cadre cosmologique résulte principalement de ma lecture et interprétation des documents oummains. Nous éclairerons ces nouveaux concepts avec les théories scientifiques terrestres connues et des concepts en grande partie intuités par la Théologie ou les traditions culturelles, depuis longtemps, sur tous les continents de la planète… Ceci sera le point de départ qui nous permettra de développer de nouvelles thèses totalement révolutionnaires qui unifient Physique et Métaphysique.

D28 19/03/1966

```
Vous pouvez rédiger toute forme d'écrit — presse,
revues, livres — à condition de ne pas déformer la
réalité de nos documents. En exprimant vos opinions
sur la PHILOSOPHIE, la RELIGION, l'HISTOIRE, la SCIENCE
et la TECHNOLOGIE DE UMMO, vous préciserez lesquelles
sont de vous et ne sont pas rédigées dans nos rap-
ports.
```

Le contenu de ce livre est très différent des idées communément admises à notre époque, il sera dans le meilleur des cas, classé au rayon des cosmologies exotiques par les cosmologues orthodoxes… ou bien on dira que j'ai fumé la moquette… peu m'importe, je n'ai cure de ces jugements partiaux et présomptueux. Pour moi, l'essentiel est que si VOUS souhaitez comprendre ces nouveaux concepts, que ce travail vous soit utile !

A priori, il n'y a pas d'idées nouvelles de ma part dans ce 1er chapitre, mais c'est mon interprétation de la cosmologie exposée dans les documents oummains, avec un objectif de vulgarisation à vocation pédagogique et didactique. Ces explications sont complétées par des exemples concrets, des références aux théories terrestres et aussi d'importantes analyses sémantiques des mots oummains utilisés qui permettent de comprendre la finesse des concepts exposés par nos amis visiteurs d'outre-espace. C'est là le fruit de ma recherche personnelle.

LE MODÈLE COSMOLOGIQUE MULTI-COSMOS

Dès l'avènement de l'ère de la physique quantique, dans les années 20, les écrivains et les cosmologues réfléchissent à des modèles d'univers composés de cosmos multiples. L'idée de Mondes parallèles a existé dans la littérature fantastique avant qu'elle n'émerge dans un cadre scientifique conventionnel.

En 1957, Hugh Everett transpose la vision commune de l'Univers dans une approche quantique. De ce point de vue la réalité de l'Univers se dédouble en autant d'états quantiques différents, mais il ne s'agit pas d'une approche Multi-cosmos.

En 1970, les physiciens I.D. Novikov et Andreï Sakharov exposent les fondements d'un modèle d'univers constitué par une infinité de feuillets de paires cosmos/anticosmos. L'univers serait constitué de multiples paires de feuillets de cosmos. Le modèle décrit un raccordement de deux espaces, par des feuillets d'effondrement. Une suite infinie de feuillets raccordés par couples, qui constituerait ainsi la structure générale de l'univers. Mais, pour Sakharov, les paires de feuillets sont successives dans le temps, alors que pour les Oummains les feuillets sont simultanés.

L'idée d'un modèle Multi-cosmos terrestre comparable au modèle Multi-cosmos Oummain, est explicitée en 1990 par le physicien-cosmologue Andreï Dmitrievitch Linde qui émit l'hypothèse qu'il existait peut-être une mousse d'univers, chacun ayant eu son Big Bang avec ses propres lois et constantes physiques, le nôtre étant l'un de ceux qui, par hasard, avait des paramètres permettant l'apparition de la vie. La principale différence reste que Andrei Linde pense que les Multi-cosmos se forment en permanence, de manière continue alors que dans le modèle Oummain ils sont tous — une quasi-infinité — initialisés en même temps et poursuivent ensuite leur vie…

Les premiers modèles cosmologiques complets dits branaires (modèle de Multi-cosmos bulle) remontent aux travaux de Lisa Randall et Raman Sundrum en 1999, inspirés par les travaux de Arkhani-Hamed, Dimopoulos et Dvali en 1998. En 1998, le physicien Jean-Pierre Petit reprendra in extenso à son compte personnel la cosmologie oummaine pour présenter un modèle cosmos-anticosmos. On notera qu'en 2010, Stephen Hawking fera dans *The Grand Design* une synthèse complète intégrant les M-théories et *Multivers* dans le sens de la cosmologie oummaine.

Le modèle Multi-cosmos Oummains commença à être publié en Espagne en 1966 et il comporte en plus d'autres concepts, proches des Cordes, concept qui ne sera clairement développé qu'en 1974 par John Schwarz et Joël Scherk, et indépendamment par Tamiaki Yoneya, qui étudièrent des modèles de vibration de cordes décrivant les bosons, et découvrirent que leurs propriétés correspondaient exactement à celles du graviton. Notons que la cosmologie dite oummaine fait appel à des concepts de dimensions angulaires. Ce type de cosmologie est tout à fait révolutionnaire et aujourd'hui aucun modèle cosmologique terrestre ne développe ce type de concept.

Dans cet ouvrage, j'utilise le terme Univers pour désigner l'ensemble des Cosmos pour respecter le vocabulaire initial des documents oummains. Seront développés plus tard, des modèles Multivers, au sens de Multi-Univers synonyme du terme Multi-cosmos utilisé ici.

Le modèle cosmologique Oummain ne se limite pas à la description d'un Multi-cosmos. Il comporte d'autres entités cosmologiques inconnues de la science terrestre et que nous présenterons dans cet ouvrage.

LE MODÈLE COSMOLOGIQUE SIMPLIFIÉ

Dans un premier temps, voici de manière vulgarisée et très simplifiée, les principales entités cosmologiques du modèle Oummain sont les suivantes :

- WOA est une entité cosmologique génératrice du TOUT. Usuellement dénommée DIEU dans les métaphysiques terrestres. Effectivement, d'une manière simple nous pouvons dire qu'elle crée tout ou a tout créé. Cette entité WOA est atemporelle et WOA EST. C'est-à-dire que cette entité existe, mais

d'une manière simple elle n'a pas de masse, ni de volume...
Peut-être pourrions-nous dire qu'il s'agit d'une pensée génératrice de TOUT et du TOUT... Nous verrons dans les chapitres
suivants l'ontologie de cette entité cosmologique pour laquelle
le terme de DIEU est le plus simple. Notons déjà que WOA est
une entité cosmologique transcendante.

• WOA crée de manière concomitante une autre entité transcendante, le réel Absolu dénommé AIIODII, d'où émergeront des
entités cosmologiques matérielles.

• Le cosmos WAAM-UU est à l'origine d'un Méta-Big-Bang
générateur de tous les autres cosmos de l'Univers. La cosmologie contemporaine ne connaît que le Big-Bang propre à notre
cosmos et vu de l'intérieur de notre cosmos. Le WAAM-UU est
aussi un Meta-Meta-Cerveau. Pourquoi Meta-Meta? Parce
que ce cosmos est un Super-Cerveau-Cosmique qui contient
lui-même une multitude de Meta-Cerveaux qui eux-mêmes
piloteront les systèmes d'êtres vivants d'innombrables planètes
de très nombreux cosmos. Ainsi, le cosmos dit WAAM — UU
agit et pilote la quasi-infinité de cosmos que constitue le Multi-
cosmos. Ce concept n'est pas connu sur Terre et est très éloi-
gné de l'archaïque idée de Gaïa.

• Le concept de Multi-cosmos est proche du modèle d'Andreï
Dmitrievitch Linde ou de Lisa Randall et Raman Sundrum, il
est dénommé WAAM-WAAM et chaque cosmos désigné par le
mot WAAM. Nous verrons le sens précis de tous ces mots avec
leurs analyses sémantiques. Le Multi-cosmos WAAM-WAAM
est constitué d'une quasi-infinité de paires de cosmos.

• Chaque cosmos est associé à un anticosmos. Ce concept
d'anticosmos n'est pas connu des cosmologues terriens, seul
Andreï Sakharov en a effleuré l'idée, sans la développer. Les
Oummains parlent d'un cosmos WAAM et d'un anticosmos
UWAAM. Le Big-Bang de chaque paire de cosmos-anticosmos leur donne des valeurs de paramètres structurels spécifiques qui leur sont propres, notamment C, la vitesse limite de
la lumière. Chaque paire de cosmos-anticosmos, WAAM et
UWAAM, poursuit sa vie indépendamment des autres, avec
son propre cycle de Big-Bang/Big-Crunch en fonction de ses
paramètres structurels spécifiques.

Voici pour les principales entités cosmologiques. Elles sont nécessairement connues de toutes les exocivilisations qui nous rendent visite et a priori de toutes les exocivilisations voyageuses du cosmos…

Mais, il y a encore d'autres entités cosmologiques que nous présenterons dans les chapitres suivants, certaines sont totalement inconnues des Terriens. Voici le schéma de synthèse de cette première étape :

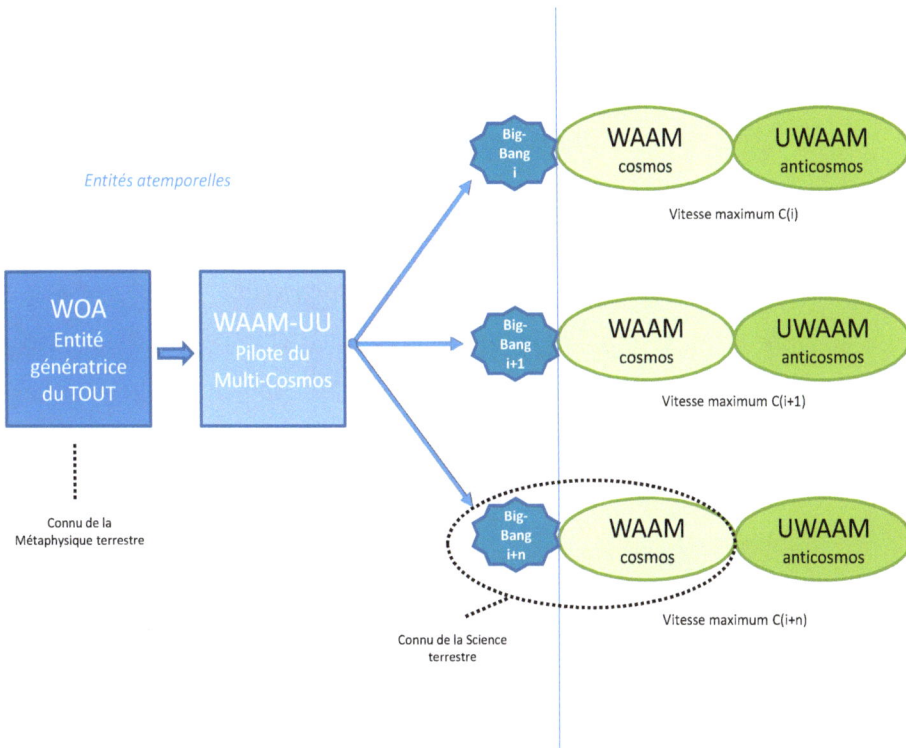

LE MODÈLE COSMOLOGIQUE GÉNÉRAL

Nous allons décrire maintenant le modèle avec toutes ses entités et commencer par nous intéresser plus en détail aux entités cosmologiques transcendantes, puis aux objets cosmologiques non transcendants qui ont été parfois pressentis par les Métaphysiques terrestres, pour tenter de comprendre leurs fonctions dans l'Univers.

Puis dans les chapitres suivants, nous traiterons les nouveaux concepts physiques associés à ce modèle cosmologique.

Ci-contre, le schéma systémique modèle cosmologique général (flux et systèmes) représentant :

- WOA, DIEU
- AIIODII, le Réel Absolu
- Le WAAM-UU, le Méta-Cerveau Cosmique
- La Cellule cosmique GUU DOEE
- Le cerveau planétaire BUUAWE BIAEEI
- Les GOOINUU UXGIIGII, les structures de codage d'archétypes des Méta-Cerveaux planétaires
- La XOODII WAAM, la courroie intercosmique
- Le WAAM-U, le cosmos des Ames
- La BUAWA, L'Ame

Nous allons expliciter les fonctions de ces entités cosmologiques...

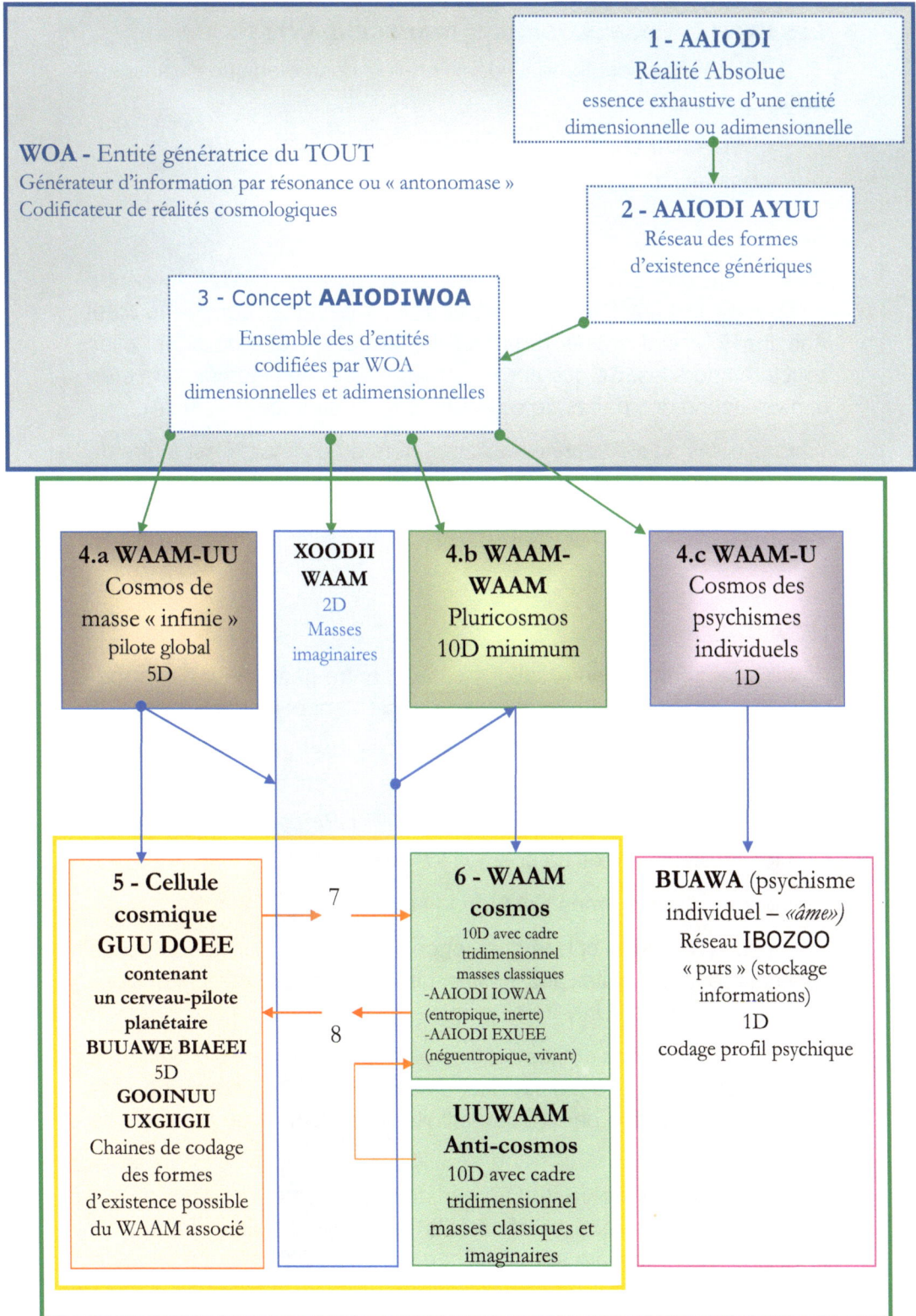

1 - AAIODI
Réalité Absolue
essence exhaustive d'une entité
dimensionnelle ou adimensionnelle

WOA - Entité génératrice du TOUT
Générateur d'information par résonance ou « antonomase »
Codificateur de réalités cosmologiques

2 - AAIODI AYUU
Réseau des formes
d'existence génériques

3 - Concept AAIODIWOA
Ensemble des d'entités
codifiées par WOA
dimensionnelles et adimensionnelles

4.a WAAM-UU
Cosmos de
masse « infinie »
pilote global
5D

XOODII WAAM
2D
Masses
imaginaires

4.b WAAM-WAAM
Pluricosmos
10D minimum

4.c WAAM-U
Cosmos des
psychismes
individuels
1D

**5 - Cellule
cosmique
GUU DOEE**
contenant
un cerveau-pilote
planétaire
BUUAWE BIAEEI
5D
**GOOINUU
UXGIIGII**
Chaines de codage
des formes
d'existence possible
du WAAM associé

7

8

**6 - WAAM
cosmos**
10D avec cadre
tridimensionnel
masses classiques
-AAIODI IOWAA
(entropique, inerte)
-AAIODI EXUEE
(néguentropique, vivant)

**UUWAAM
Anti-cosmos**
10D avec cadre
tridimensionnel
masses classiques et
imaginaires

BUAWA (psychisme
individuel – *«âme»)*
Réseau **IBOZOO**
« purs » (stockage
informations)
1D
codage profil psychique

LES ENTITÉS COSMOLOGIQUES TRANSCENDANTES

Il existe atemporellement, deux entités cosmologiques transcendantes principales :

- WOA, DIEU

- AIIODII, le Réel Absolu

Ce sont des pôles ou centres adimensionnels : WOA le centre générateur et l'AIIODII que nous pourrions désigner comme le Réel Absolu. Pour ces entités la notion de temps n'a pas de sens, elles sont intemporelles. Ce que nous percevons comme le temps sera créé dans chacune des paires de cosmos du Multi-cosmos.

Ces pôles adimensionnels existent hors du cosmos, c'est à dire de manière AIOOYA AMMIE, valeur ontologique que nous expliquerons en détail dans *La Logique tétravalente*.

WOA, DIEU

WOA est comme nous l'avons vu, un centre générateur d'informations qui engendre intemporellement directement et indirectement :

• le cosmos WAAM-UU (4.a) (noté BB) qui est un Super-Cerveau-Cosmique qui contient toutes les structures d'Esprit Collectif Planétaire de l'Univers (attention, elles aussi notées BB) (5).

• les multiples paires de cosmos WAAM-WAAM (4.b)

• le cosmos des Ames WAAM-U (4.c).

Ainsi, WOA est le centre cosmogonique codificateur de toutes les configurations de toutes les entités dimensionnelles et adimensionnelles possibles de l'Univers physique.

L'ensemble de ces entités est issu du réseau de formes d'existence génériques AIIODII AYUU (2). Autrement dit, WOA génère une réalité absolue AIIODII à partir d'une infinité de structures ou de modèles types.

Cette réalité absolue AIIODII cristallisée reste inaccessible de manière exhaustive pour les humains (quels qu'ils soient dans n'importe quel cosmos), elle sera déclinée dans les différents cosmos de l'Univers, et interprétée de manière différente par les différents humains de ces cosmos, comme le sont les ombres de l'allégorie de la caverne de Platon.

WOA coexiste avec AIIODII et ne lui est pas transcendant.

WOA crée donc cette réalité absolue à son image pourrait-on dire, et celle–ci devient autonome. Elle est ensuite interprétée par chaque humanité (et désignée par le mot AIIODI avec un seul I à fin, par nos amis de UMMO).

Ensuite, WOA entre en résonance avec le Super-Cerveau-Cosmique le cosmos WAAM-UU (le Meta-Meta-Cerveau, le BB global) (4.a).

… chez WOA le centre d'information est statique, tandis que dans l'Univers multiple, le WAAM B.B. en résonance avec WOA, l'information est dynamique.

Pour cela nous vous avertissons que la comparaison avec deux cordes de violon est seulement d'ordre didactique et métaphorique, car chez elles, l'effet de résonance se manifeste par une dynamique simultanée.

WOA modèle ainsi les entités cosmologiques par l'intermédiaire du Super-Cerveau-Cosmique le cosmos WAAM-UU (4.a).

Des ondes stationnaires, c'est-à-dire constantes, mais de phases distinctes, correspondent aux dimensions créées par WOA. Dans notre cadre tridimensionnel, elles forment des nœuds et des crêtes que nos sens interprètent respectivement comme VIDES et MASSES.

```
D45 : Mais n'oubliez pas que nous considérons le
cosmos comme un système décadimensionnel, WOA
engendre une série infinie de trains d'ondes (des
fonctions sinusoïdes) de fréquences, d'amplitude et
de phase distinctes. L'ESPACE se voit ainsi tordu,
en provoquant une série D'ONDES STATIONNAIRES et
de NŒUDS qui se réfléchissent dans l'infini du WAAM.
Ces ondes stationnaires ne sont que les plis du
CONTINUUM ESPACE-TEMPS que nous appelons MASSES
(Galaxies, Gaz, Animaux, etc...). Ainsi s'explique
la confusion des scientifiques terrestres quand ils
observent l'apparente contradiction qu'un électron
```

soit en même temps CORPUSCULE (masse) et ONDE :
c'est une confusion ingénue.

WOA crée donc des ondes stationnaires, c'est-à-dire constantes, dont chaque train d'ondes constitue une dimension. Ces ondes stationnaires, ou plutôt ces fonctions vibratoires sinusoïdales, non-locales, tapissent le cosmos et se forment au sein du substrat universel des IBOSDSOO, concept proche des cordes, que nous avons présenté dans les ouvrages précédents et dont nous donnerons des précisions dans ce livre. De même, l'idée de dimension est ici très différente du sens actuel. Elle sera explicitée par le vocable OAWOO. Notons que :

WOA continue à créer de la matière à l'intérieur
de chaque Cosmos (D41-11).

Nous développerons de plus amples ces explications dans le chapitre sur *le substrat universel IBOSDSOO*.

AIIODII, le Réel Absolu

L'AIIODII (1) est la réalité absolue, au sens du mythe de la caverne de Platon dont seules les ombres nous apparaissent. Cette réalité absolue est autonome, inaccessible et ACTE de WOA. C'est une réalité qui se cache derrière notre vision intellectuelle déformante des choses...

En des termes existentialistes sartriens, l'AIIODII est l'essence exhaustive d'une entité. Cette entité peut-être dimensionnelle ou adimensionnelle. En d'autres termes c'est l'essence de la réalité perçue d'une entité dimensionnelle ou adimensionnelle.

AIIODII génère toutes les idées — c'est-à-dire les formes de réalités perçues — de WOA qui ne lui sont pas incompatibles et contient donc une infinité de gammes, de catégories, c'est-à-dire un réseau de formes d'existence génériques dénommé AIIODII AYUU (2).

LA CRÉATION DE POTENTIALITÉS DU RÉEL ABSOLU

Les entités cosmologiques transcendantes créées des potentialités du Réel Absolu.

Il faut bien distinguer ces entités cosmologiques transcendantes créées et qui contiennent des potentialités du Réel Absolu du Multi-cosmos et le Multi-cosmos WAAM-WAAM proprement dit, qui, lui, réalise physiquement ces potentialités.

Les entités cosmologiques transcendantes font partie de la Métaphysique, le Multi-cosmos WAAM-WAAM du monde de la physique.

Voici l'explication donnée dans les documents de nos amis de UMMO :

WOA (Dieu) engendre WAAM-WAAM (le Pluricosmos) en une seule fois, dans toutes ses potentialités (quasi infinies).

Les EESSEEOEMMII (les êtres pensants) de WAAM-WAAM concrétisent une partie des potentialités.

Chaque humanité pensante, en tant que partie unique des EESSEEOEMMII modifie AIIODII (l'ensemble des réalités potentielles) en interprétant une AIIODI (des possibles réalités).

Chaque humanité pensante réalise son AIIODI (REALITE) en modulant AIIODII (la trame des potentialités réalisables). Elle modifie AIIODII et informe WOA.

Chaque humanité pensante modifie AIIODII et informe WOA.

Cette information se transmet et se capte par l'intermédiaire de BOUAWA BIAEII (âme planétaire/Méta-cerveau) associée à chaque humanité planétaire.

Ainsi le WAAM-WAAM s'organise au fur et à mesure qu'il est engendré par WOA. Ce processus est à la fois simultané et infini.

Le temps n'y prend aucune part n'étant qu'une interprétation particulière de chaque AIIODI.

Il y a un apport d'information supplémentaire sur une potentialité réalisée de façon expérimentale par une humanité planétaire.

Par exemple :

WOA génère la potentialité d'apprécier la saveur d'un aliment.

WOA génère la potentialité d'apparition du fruit orange.

Les deux potentialités sont réalisées sur la planète Terre.

Chaque Terrien expérimente son appréciation de la saveur d'une orange et transmet cette information à BOUAWA BIAEII (âme planétaire/Méta-cerveau).

BOUAWA BIAII informe WOA sur l'appréciation globale de la saveur du fruit orange que WOA ne peut expérimenter.

WOA renforce la potentialité du fruit orange, car sa saveur est globalement appréciée par les OEMMII (humains) qui peuvent la goûter.

Le caractère non-infini des potentialités de WAAM-WAAM se base sur la seule conjecture vérifiable par tout observateur, que ni le zéro mathématique, ni son inverse (infini mathématique) n'existent en absolu dans le cadre physique.

Nous voyons que le réel absolu interprété par humanité, le AIIODI, se crée en permanence de façon dynamique, alors que l'ensemble des potentialités est lui un réservoir quasi infini, mais statique. Comme de nombreux penseurs et chercheurs l'ont pressenti au fil des siècles, le monde réel se crée en fonction de l'idée même que nous nous en faisons.

Aussi étrange que cela paraisse, nous pouvons donc — collectivement — changer l'évolution de notre réel en pensant différemment notre futur... Pour cela, il faut que le poids de nos pensées converge vers la réalité souhaitée de manière suffisante... Par exemple, si une grande majorité de terriens pensaient réaliser une nouvelle gouvernance mondiale juste et éthique, cette potentialité se réaliserait nécessairement... (Nous traiterons ce sujet dans *PRESENCE 4 — Vers un nouveau Monde... avec les Exocivilisations*).

LES AUTRES ENTITÉS COSMOLOGIQUES

Les entités cosmologiques transcendantes génèrent un ensemble d'autres entités cosmologiques. Certaines nous sont connues, d'autres, pressenties, et d'autres nous sont totalement inconnues :

- Le WAAM-UU, le Méta-Cerveau Cosmique
- La Cellule cosmique GUU DOEE

- Le cerveau planétaire BUUAWE BIAEEI

- Les GOOINUU UXGIIGII, les structures de codage d'archétypes des Méta-Cerveaux planétaires

- La XOODII WAAM, la courroie intercosmique

- Le WAAM-U, le cosmos des Ames

- La BUAWA, L'Ame

WAAM-UU, le Méta-Cerveau Cosmique

D'une manière simple et globale, le Méta-Cerveau Cosmique WAAM-UU contient tous les Méta-Cerveaux Planétaires BUUAWE BIAEEI (5) de tous les cosmos WAAM (6).

Le WAAM-UU distord aussi les autres Univers, en créant des singularités de masse, les galaxies et les étoiles...

Le plan cosmique B.B. [WAAM-UU] contient des milliers de millions de B.B. correspondant à autant d'humanités. C'est le B.B. de l'humanité de la Terre qui, en connexion avec votre cerveau, traite l'information reçue, engendrant la conception des choses.

Du fait que la langue des Oummains est basée sur la fonctionnalité du mot, il y a des mots fonctionnellement homonymes, car les 2 objets ont la même fonction... ou presque. Ainsi le WAAM-UU, l'ensemble des BUUAWE BIAEEI, chaque BUUAWE BIAEEI planétaire individuel peuvent être notés sous le même terme de BB.

Ceci peut entraîner une certaine confusion que nous allons clarifier.

```
      Le plan cosmique B.B. [WAAM-UU] contient des mil-
liers de millions de B.B. correspondant à autant d'hu-
manités. C'est le B.B. de l'humanité de la Terre qui,
en connexion avec votre cerveau, traite l'information
reçue, engendrant la conception des choses.
```

```
      ce plan cosmique [WAAM-UU] ou B.B. est subdivisé
en d'autres B.B. ou psychés universelles, chacun d'eux
correspondant à une humanité planétaire (La confusion
```

que vous pourriez observer vient de ce que nous appelons B.B. [BUAUEE BIAEEII] non seulement l'Âme collective de UMMO ou de la Terre, mais aussi le plan cosmique [c'est-à-dire du multiunivers] qui contient tous
les B.B. des différents réseaux sociaux qui peuplent
notre Univers tétradimensionnel.

Dans le détail le WAAM-UU contient une quasi-infinité de Cellules
cosmiques GUU DOEE. Celles-ci contiennent elles-mêmes chacune
un BUUAWE BIAEEI planétaire.

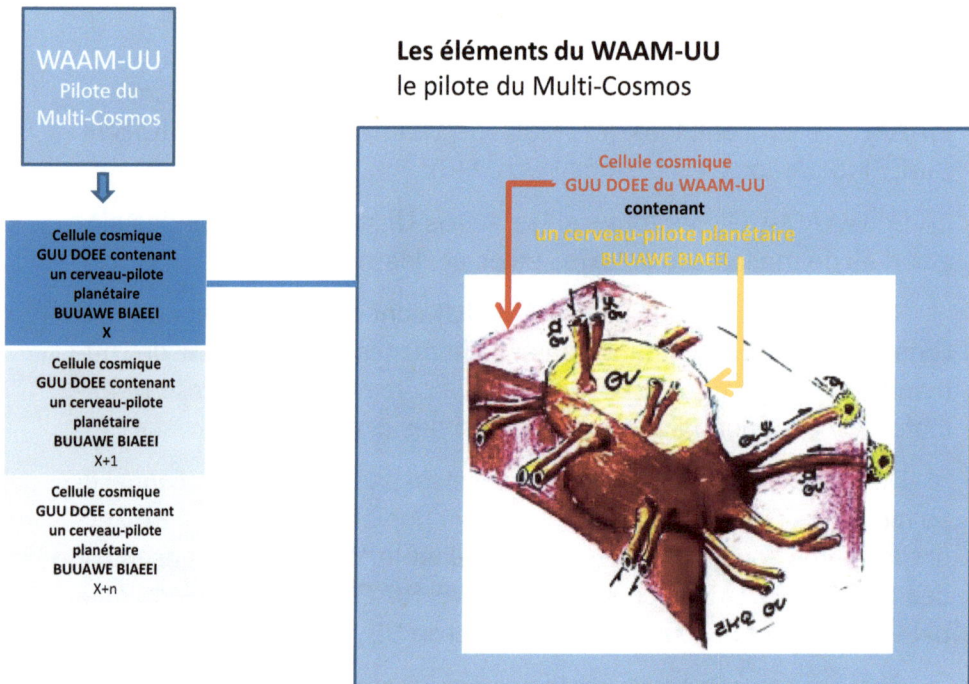

WAAM-UU
Pilote du
Multi-Cosmos

Cellule cosmique
GUU DOEE contenant
un cerveau-pilote
planétaire
BUUAWE BIAEEI
X

Cellule cosmique
GUU DOEE contenant
un cerveau-pilote
planétaire
BUUAWE BIAEEI
X+1

Cellule cosmique
GUU DOEE contenant
un cerveau-pilote
planétaire
BUUAWE BIAEEI
X+n

Les éléments du WAAM-UU
le pilote du Multi-Cosmos

Cellule cosmique
GUU DOEE du WAAM-UU
contenant
un cerveau-pilote planétaire
BUUAWE BIAEEI

La Cellule cosmique GUUDOEE

La Cellule cosmique dénommée GUU DOEE contient un cerveau-
pilote planétaire BUUAWE BIAEEI.

Le mot GUU DOEE signifie :

GUU = la structure a une dépendance dynamique

= la structure hermétique

DŒE = la forme de l'entité a un modèle

= forme modélisée

D'où la traduction de GUU DOEE : *la structure hermétique a une forme modélisée*

```
     D357 : Le B.B. [WAAM-UU] est constitué de GUU DOEE
[contours ou cellules]. Une image serait, pour nous
comprendre, les galaxies de notre Univers, sauf que
dans le B.B. il ne s'agit pas de configurations nébu-
laires de poussières et de soleils, mais d'enceintes,
de parties à cinq dimensions. Dit autrement : ce plan
cosmique [WAAM-UU] ou B.B. est subdivisé en d'autres
B.B. ou psychés universelles [dans les GUU DOEE]
```

Le cerveau planétaire BUUAWE BIAEEI

Les premiers concepts formalisés approchant le concept de cerveau planétaire apparaissent dès le début du XXème siècle. En 1906, le psychiatre suisse Carl Jung comprend que le psychisme humain n'est pas limité à la boite crânienne. Il y a nécessairement un apport d'informations externe. Ces informations semblent être des grands profils de valeurs culturelles, des connaissances universelles. Ceci laisse penser à Jung qu'il existe une structure informative exogène à l'humain, qui lui fournit des archétypes au niveau profond d'un inconscient collectif partagé par l'espèce humaine entière. Cette idée ne sera malheureusement pas développée par les autres disciplines scientifiques, et en l'occurrence sera totalement ignorée des biologistes…

En 1936, Vladimir Vernadsky développe le concept de noosphère ou sphère de la pensée, dans un modèle de succession de phases de développement de la Terre, et propose cinq différentes couches en interaction :

- la lithosphère, noyau de roche et d'eau ;

- la biosphère constituée par la vie ;

- l'atmosphère, enveloppe gazeuse constituant l'air ;

- la technosphère résultant de l'activité humaine ;

- la noosphère ou sphère de la pensée.

Tout comme l'émergence de la vie a fondamentalement transformé la géosphère, l'émergence de la cognition humaine transforme fondamentalement la biosphère, la noosphère de Vernadsky émerge au moment où l'humanité, par la maîtrise des processus nucléaires, commence à créer des ressources par la transmutation des éléments...!

A la même époque, en 1932 dans *Christologie et évolution*, Pierre Teilhard de Chardin, évoquait la sphère de la pensée humaine. Pour lui, le phénomène humain doit être pensé comme constituant — à un moment donné — une étape de l'évolution qui conduit à la sphère de la pensée humaine, laquelle prépare l'avènement de la figure dite du Christ Cosmique. Le point Ω ou point Oméga représente le pôle de convergence de l'évolution. L'Oméga forme en quelque sorte le pôle d'attraction en jeu à l'échelle individuelle autant qu'au plan collectif.

En 1970, James Lovelock développe la thèse selon laquelle la Terre serait un système physiologique dynamique qui inclut la biosphère et maintient notre planète depuis plus de trois milliards d'années, en harmonie avec la vie. L'ensemble des êtres vivants sur Terre serait ainsi comme un vaste superorganisme appelé Gaïa réalisant l'autorégulation de ses composants pour favoriser la vie.

Depuis plusieurs décennies, les propriétés de la psychométrie ou la rétrocognition sont utilisées avec un certain succès par les archéologues. Ces propriétés ou aptitudes de certaines personnes de voir dans le passé, les médiums tels que Gérard Croiset, Eillen Garret, Hella Hammid, George Mc Mullen, etc. firent des descriptions extrêmement précises de sites antiques et permirent de multiples découvertes archéologiques. Une multitude de cas sont relatés par Stephan A. Schwartz dans *The Secret Vaults of Time [New York, Grossel & Bunlap, 1978], [Trad. Les Cavernes secrètes du temps : l'archéologie psychique, Laffont, 1980]*.

La plupart des théologiens, toutes religions confondues, à toutes les époques, observeront avec pertinence des phénomènes de NDE — Near Death Experience — rapportés par des mourants ressuscités.

Comme nous l'évoquerons en détail au chapitre des NDE, ce phénomène prouve l'existence d'un Au-delà. Très logiquement, ces théologiens en concluent l'existence de Dieu. Évidemment, il ne s'agit pas de l'entité transcendante que l'on désigne ici sous le terme de WOA. Il s'agit simplement de cet objet cosmologique, physique bien que localisé dans un autre cosmos, le cerveau planétaire BUUAWE BIAEEI, qui est inconnu des terriens.

Influencé par les travaux du neurophysiologue de l'Université de Stanford, Karl Pribram, et les propres résultats de son modèle holographique, le physicien David Bohm pressentira l'existence d'inconscient collectif commun à l'ensemble de l'humanité : Au plus profond, l'humanité n'est qu'une seule et même psyché. . Néanmoins, trop ancré dans ses convictions et sans vision cosmogonique, il ne percevra pas la possibilité qu'il puisse s'agir d'un objet cosmologique physique et localisé dans un autre cosmos…

Le cerveau planétaire BUUAWE BIAEEI contient toutes les informations que tous les êtres vivants lui ont transmis depuis la nuit des temps, et plus précisément depuis que notre cerveau planétaire BUUAWE BIAEEI est connecté à la Terre. Et donc en particulier des structures de codage d'archétypes [GOOINUU UXGIIGII] de tous les êtres vivants de la planète. Il pilote de manière coordonnée les co-évolutions des êtres vivants. Le cas échéant, il pourrait décider d'éliminer une espèce nuisible au fonctionnement vital des écosystèmes de la planète. Par exemple, si des humains dont il n'a qu'un contrôle partiel, devenaient culturellement un danger mortel pour toutes les autres espèces vivantes, alors BB éliminerait cette espèce nuisible…

Chaque BUUAWE BIAEEI planétaire [5] est lié à un astre et contient :

- les patrons biologiques des êtres vivants
- les idées universelles génériques
- les sentiments collectifs
- les profils comportementaux grégaires
- les idées, les patrons moraux des êtres supérieurs [OEMMII]

Chaque cellule reçoit le nom de BUUAUE BIAEI [B.B.] Esprit ou Âme collectif. Il existe autant de B.B. que d'AYUUBAAYII [réseaux d'êtres vivants planétaires] dans tout le WAAM-WAAM. Il y a une correspondance biunivoque entre chaque ensemble d'êtres vivants sur un astre froid et son B.B. correspondant.

La structure de pilotage BUUAWE BIAEEI d'un astre à êtres vivants se fait dans une boucle cybernétique que l'on peut résumer simplement à :

a)   envoi d'informations structurantes à des entités partiellement autonomes

b) retour d'informations par les entités

Cette boucle cybernétique a une dynamique permanente.

D731 :… les êtres vivants par l'intermédiaire de leurs transducteurs, c'est-à-dire les neurosenseurs récepteurs de modèles d'information (les organes des sens), captent la structure de l'Univers.

Cette information est envoyée au B.B, intégrée et traitée dans le WAAM-UU.

Qui, à son tour, engendre des modèles d'action sur le WAAM WAAM.

Se ferme ainsi une boucle cybernétique.

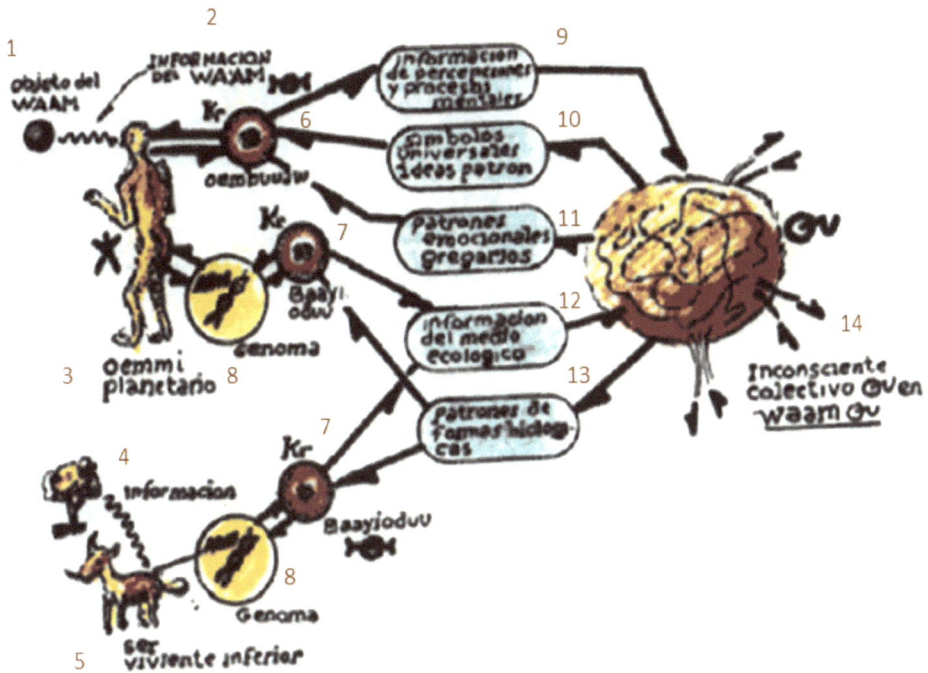

1. objets du WAAM

2. information du WAAM

3. oemii planétaire

4. information

5. être vivant inférieur

6. oeambuuaw (émetteur/récepteur cérébro-cosmique)

7. baayioduu (émetteur/récepteur génomico-cosmique)

8. génome

9. information de perceptions et processus mentaux

10. symboles universels, idées-patrons

11. patrons émotionnels grégaires

12. information du milieu écologique

13. patrons de formes biologiques

14. inconscient collectif BB dans le WAAM-UU

Le WAAM-UU est un continuum pentadimensionnel
avec des singularités de masse (en forme de filaments
à nœuds), divisé en cellules ou environnements séparés entre eux.

Les structures penta-dimensionnelles du GUU DOEE contiennent
un cerveau-pilote planétaire BUUAWE BIAEEI qui lui-même
contiennent des filaments spatiaux 3D et massiques (+M et — M) 2D
nommés GOOINUU UXGIIGII (5) où circulent des informations.

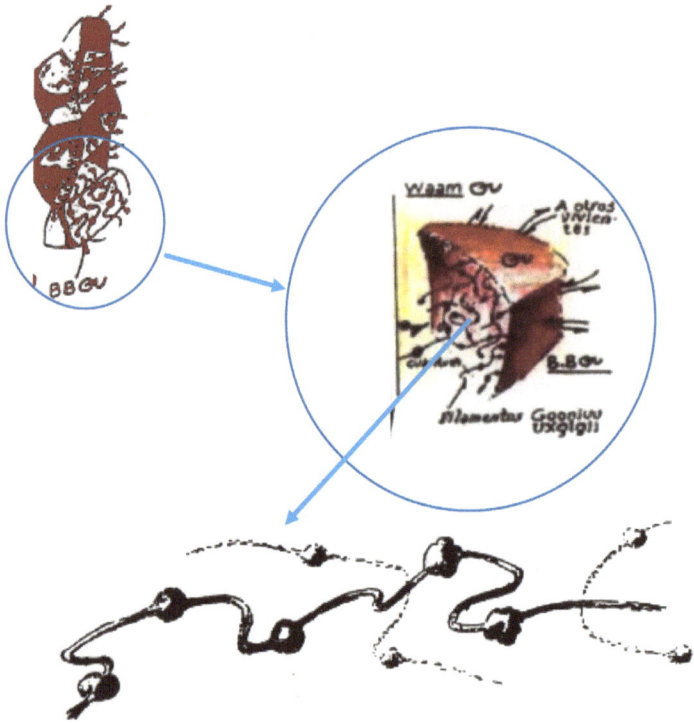

L'information transmise aux êtres entropiques, inertes AAIODII IOWAA

Les BUUAWE BIAEEI planétaires transmettent l'information aux
êtres entropiques — inertes AAIODII IOWAA — par l'intermédiaire
d'une couche inter-cosmos, le XOODII WAAM (6), contenant des
Masses Imaginaires (+Mi et — Mi) qui sont responsables de nombreuses interactions gravitationnelles impactant les paires de cosmos
(dont la nôtre, évidemment), et permettant aussi d'extraordinaires effets
d'échange entre les cosmos, dit LEEIIYO WAAM. Par exemple, grâce
au décodage des mots oummains dans *Présence 2, Le langage et
le mystère de la planète UMMO révélés*, nous avions pu comprendre

ce que nous avons appelé l'effet trampoline utilisé par la plupart des engins interstellaires.

L'information envoyée aux êtres néguentropiques, vivants AAIODII EXUEE

L'information envoyée aux êtres néguentropiques — vivants AAIODII EXUEE — se fait par l'intermédiaire de 2 canaux :

- pour tous les êtres vivants, par un canal de communication intracellulaire, le BAAYIODUU (7) (émetteur/récepteur géno-mico-cosmique)

- pour les Humains, par un canal de communication cérébral, le OEMBUAWE (émetteur/récepteur cérébro-cosmique)

Le canal de communication intracellulaire, le BAAYIODUU est associé au système génomique (7) pour constituer le facteur générateur du vivant, le BAAYIODIXAA UUDIII. *(voir l'hypothèse sur l'Emergence du Vivant).*

```
Chaque B.B. envoie ses patrons biologiques aux
êtres vivants pour guider (ORTHOGÉNÈSE) l'évolution de
chaque Astre froid.
```

Les êtres néguentropiques — vivants AAIODII EXUEE — retournent aussi de l'information à leur BUUAWE BIAEEI planétaires associé (8) par l'intermédiaire du canal de communication intracellulaire, le BAAYIODUU.

Le canal de communication cérébral des humains, le OEMBUAW reçoit et retourne de l'information à son BUUAWE BIAEEI planétaire.

```
Chaque B.B expédie aussi ses idées universelles,
sentiments collectifs, inductions grégaires, idées
patrons morales, etc, à tous les OEMMII [humains]
```

Ces informations sont transmises directement par l'intermédiaire d'une Masse imaginaire, via un canal cérébral OEMBUAW (6).

– Existe-t-il quelque manière de reconnaître quand un processus mental, une pensée, procède du B.B. ?

```
U. — NON. L'information atteint les couches les plus
profondes du cerveau et il est très difficile de les
distinguer des informations de l'enfance.
```

En pensant, les êtres vivants supérieurs déforment la réalité absolue. Ces informations sont transmises directement via le canal cérébral de l'OEMBUAW et `si nous acceptons la définition du WAAM-WAAM au sens strict, il doit y avoir autant de WAAM que de catégories d'êtres pensants capables de déformer le AAIODI.`

L'Aura et l'OEMBUAW

Le journaliste Michael Talbot cite dans son livre *L'Univers est un hologramme* les travaux de Valérie Hunt professeur de sciences physiologiques à l'Université de Californie, Los Angeles. Elle a découvert que le champ énergétique répondait plus vite aux stimuli que le cerveau. Le branchement parallèle d'un électromyographe et d'un électroencéphalographe sur les sujets testés lui a révélé un net retard du second dans l'enregistrement de brusques variations sonores et lumineuses. Valérie Hunt pensa que l'esprit n'était pas dans le cerveau, mais dans l'aura.

Notre hypothèse est différente et plus complexe. Nous pensons que la propagation des informations arrivant à l'OEMBUAW se fait par les circuits neuronaux et par émissions de fréquences. Comme nous le verrons plus loin, probablement via le composé-relais, le bio-tuner, de GeSi2C3H3 qui fait office d'interface tuner multifréquences avec les paires de Krypton. Par le fait, la propagation par les ondes est plus rapide que la propagation par les circuits bioélectrique des neurones.

Ainsi, le champ des bio-fréquences humaines, l'Aura, reçoit-elle les informations issues de l'OEMBUAW avant les centres de traitements de l'information du cerveau comme le cortex néo-frontal par exemple…

Le champ des bio-fréquences humaines, l'Aura, est chronologiquement le premier informé des flux d'informations de BB et de BUAWA. Elle est en connexion quasi directe avec ces objets cosmologiques. Ceci sera important dans le processus de mort de l'humain, l'Aura pouvant rester connectée avec le Méta-cerveau BB et/ou l'Ame BUAWA.

Pour résumer, suivant le *Schéma systémique du modèle cosmologique général,* nous pourrions dire que les BUUAWE BIAEEI planétaires sont des systèmes de pilotage d'astres froids dont les êtres vivants sont les capteurs du système opérant, qui remontent les informations au système de pilotage. Conformément à la loi de Shannon, le niveau de complexité du système de pilotage est supérieur à celui du système opérant.

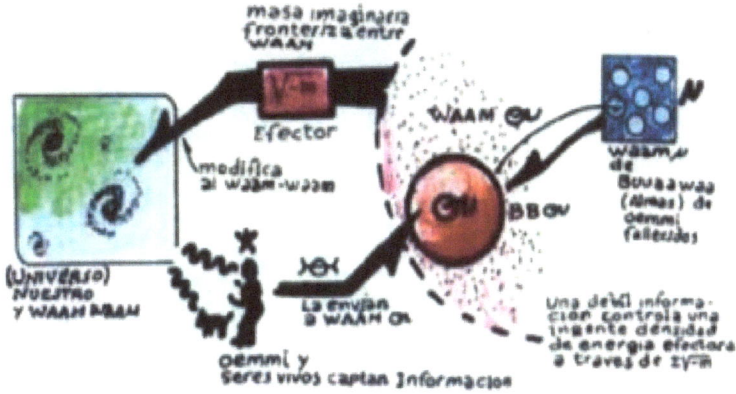

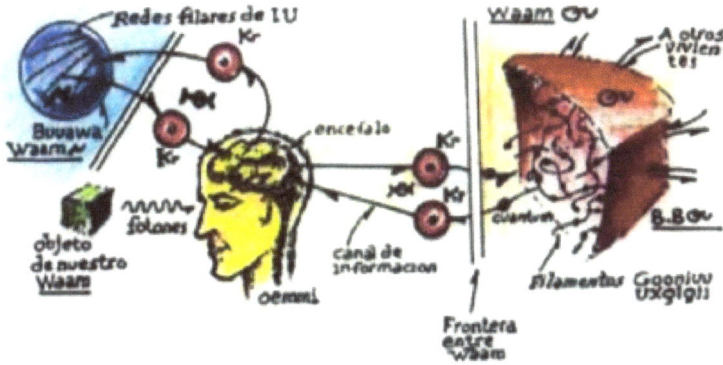

XOODII WAAM, la courroie inter-cosmique

L'on peut dire d'une manière simple, que le XOODII WAAM est la courroie intercosmique. Ce cosmos permet de relier entre elles les entités cosmologiques de nature différente.

La XOODII est un espace à 2 dimensions angulaires OAWOO. Une couche relais sur laquelle les masses normales, des Ovnis par exemple, peuvent rebondir en générant un effet LEIYO que nous avons appelé «Effet trampoline» dans Presence 1 et qui est interprété comme un effet anti-gravitationnel dans le paradigme terrestre du XX — XXIème siècle. Mais, il s'agit bien d'autre chose, inconnu de la science contemporaine.

Cette XOODII transmet de multiples effets dits LEIYO entre les différentes entités cosmologiques de nature distincte. Elle transmet en autre les effets gravitationnels des masses du couple cosmos-anticosmos. Expliquant de cette façon la matière noire, ainsi que l'énergie noire des variations de la vitesse d'expansion cosmique.

Il semblerait qu'une des caractéristiques de cette XOODII soit la vitesse des masses imaginaires qu'elle contient (donc des masses sans volume).

Une propriété de cette masse est qu'elle peut se déplacer à des vitesses supérieures à celles d'un photon.

Une particule de telle masse s'écoule dans le temps à l'envers, et sa situation stable ou d'énergie minimale est la vitesse infinie.

Le réseau d'ibozsoo Uhu agglutine ensemble les Cosmos, il agit comme courroie de transmission d'énergie entre eux. Quand $\sqrt{-M}$ se déplace à de petites vitesses, la masse imaginaire se manifeste dans l'un des cosmos jumeaux, mais en réalité elle opère toujours entre deux cosmos.

– Pourquoi n'existe-t-il pas d'êtres vivants de masse imaginaire ?

U – Le temps s'écoulerait en sens inverse. S'il y avait des êtres de masse imaginaire, la mémoire serait le futur. Ce serait aberrant, le temps s'écoulerait à l'envers, de sorte que le présent fabriquerait le passé.

Dans le cosmos, comme dans l'anti-cosmos le temps résulte des axes du cadre tridimensionnel spatial. Le temps est lié à la vitesse de C dans ce cadre dimensionnel.

Dans la XOODII, la vitesse est comprise entre C et l'infini. Autrement dit, un hypothétique objet dans la XOODII se déplacerait plus vite que la limite de la vitesse de la lumière C de notre cosmos, l'objet se déplacerait plus vite que ne s'écoule le temps de notre cosmos. Cet objet verrait donc le temps reculer…

WAAM-U, le cosmos des Ames

Le WAAM-U est le Cosmos des psychismes individuels BUAWA. Dans la Métaphysique terrestre l'on dirait le cosmos des Ames, ce qui est distinct de l'Esprit Collectif qui est assimilable au BUUAWE BIAEEI planétaire.

BUAWA, l'Ame

L'entité cosmologique BUAWA est dénommée âme dans la Métaphysique terrestre. Il s'agit d'une entité complexe dont voici un premier éclairage.

En principe, nous savons que tout organisme vivant, une algue, une bactérie ou une girafe de la Terre, quand il se génère, dispose d'un BUUAUUA (âme individuelle) (B) dans ce cosmos lointain. Cette âme est stérile. Son réseau de IBOZSOO UHUU n'est pas capable de codifier une quelconque information, car il n'y a pas de lien qui l'attache à l'organisme qui est né sur un astre froid. Seul l'OEMMII (humain) synthétise à l'instant de la fusion chromosomique, un ensemble d'atomes de Krypton qui, par un effet que nous dénommons Effet Membrane ou Frontière LEIYO, permet la communication entre deux Cosmos tellement distincts.

Quand l'humain naît, c'est à dire : non à l'instant de la Parturition, mais quand les deux gamètes féminin et masculin fondent leur charge génétique se développe dans un Univers lointain une gigantesque cellule d'IBOZSOO UHUU (en réalité un réseau complexe de ces particules, formé par de grandes chaînes de relations angulaires). Ces grandes chaînes forment à leur tour un substrat étendu ou une matrice où s'engrammera toute l'information de notre vie dans un secteur du réseau pendant que le restant codifie tout un programme d'instructions qui conforment chaque OEMII tétradimensionnel.

Le BUUAWEA ne possède pas de mémoire, il n'est pas non plus capable de sentir ou de percevoir. Il ne peut pas, par exemple, s'émouvoir, ressentir du plaisir ou de la douleur.

... engendre des idées, il est capable de comprendre les messages que lui apporte le OEMBUAW et aussi, à travers celui-ci il est capable d'agir et de contrôler l'OEMII (corps).

Les idées engendrées, la connaissance acquise, le contrôle du corps NE SE RÉALISENT PAS D'UNE MANIÈRE SÉQUENTIELLE OU CONTINUELLE DANS LE FLUX DU TEMPS.

ELLE PEUT MODIFIER UNE FOIS POUR TOUTES LA FORME DE L'OEMBUUAOEMII (HOMMEPHYSIQUE : ESPACE-TEMPS).

... la BUUAWEA la faculté de modeler la conduite du corps tout au long du temps, une fois pour toutes.

L'âme ne pense pas. LE CERVEAU PENSE. L'âme emmagasine des données et gouverne par inter action entre des séquences d'I.U. et des réseaux neuronaux corticaux, le comportement spatio-temporel de l'Organisme humain (VOLONTE)

Pour résumer, BUAWA, l'Ame, contient deux zones.

La première zone est un secteur d'un réseau purs d'IBOZOO UU qui a une fonction de stockage de l'information. Cette zone est formée par de grandes chaînes de relations angulaires. Ces grandes chaînes forment à leur tour un substrat étendu ou une matrice où s'engrammera toute l'information de notre vie.

La deuxième zone du réseau purs d'IBOZOO UU, est une zone de conformation psychique qui est réalisée une fois pour toutes et dans sa complétude. Cette zone codifie tout un programme d'instructions qui conforment chaque OEMII (justement l'homme prit dans sa seule dimension neuronale : OEMII + BUAWA = OEMMII).

Nous pouvons approfondir la compréhension de cette entité par l'analyse sémantique du mot BUAWA *(voir détail Presence 2)*.

Nous avons pour BUAWA la transcription :

- L'interconnexion dépend du mouvement qui génère un déplacement

- L'interconnexion dépend du mouvement (d'un électron dans la chaîne d'atome de krypton de OEMBUAW) qui génère un déplacement (acte de volonté).

Plus simplement :

- L'interconnexion dépend du mouvement générateur d'action

- Interconnexion génératrice

En conclusion, BUAWA est le générateur de la volonté, de la conduite du corps humain. Elle contient deux zones :

• BUUAWA IMMI est la conscience globale de tous les faits vécus et à vivre par l'OEMMII. La première zone est un secteur d'un réseau pur d'IBOZOO UU qui a une fonction de stockage de l'information où s'enregistrera toute l'information de notre vie.

• Le ESEE OA qui est la conscience à l'instant présent. La deuxième zone du réseau pur d'IBOZOO UU, est une zone de conformation psychique qui est réalisée une fois pour toutes et dans sa complétude, mais qui ne gère que la conscience à l'instant présent. Cette zone codifie tout un programme d'instructions qui conforment chaque OEMII.

Schéma de synthèse

Arrivé à ce stade de votre lecture, cette mystérieuse image choisie en couverture doit-être maintenant être explicite avec le Méta-Cerveau BB-planétaire, l'Humain dans son Espace-temps 4D et son Ame...

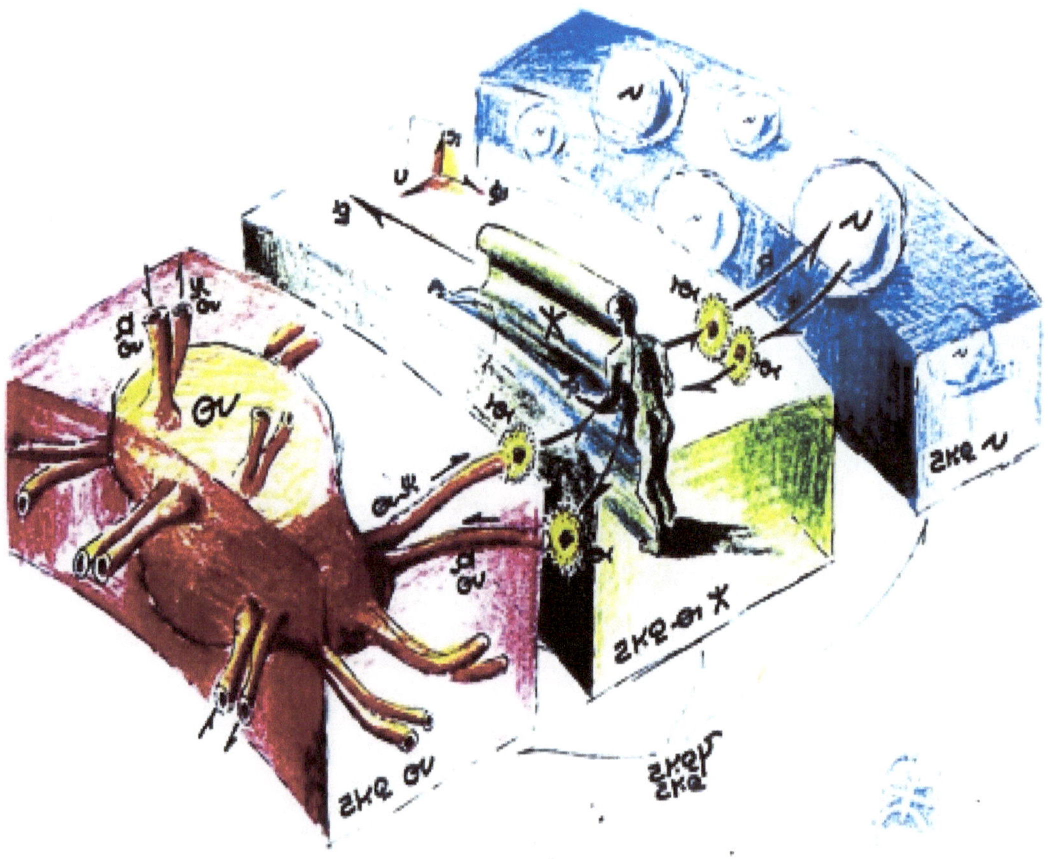

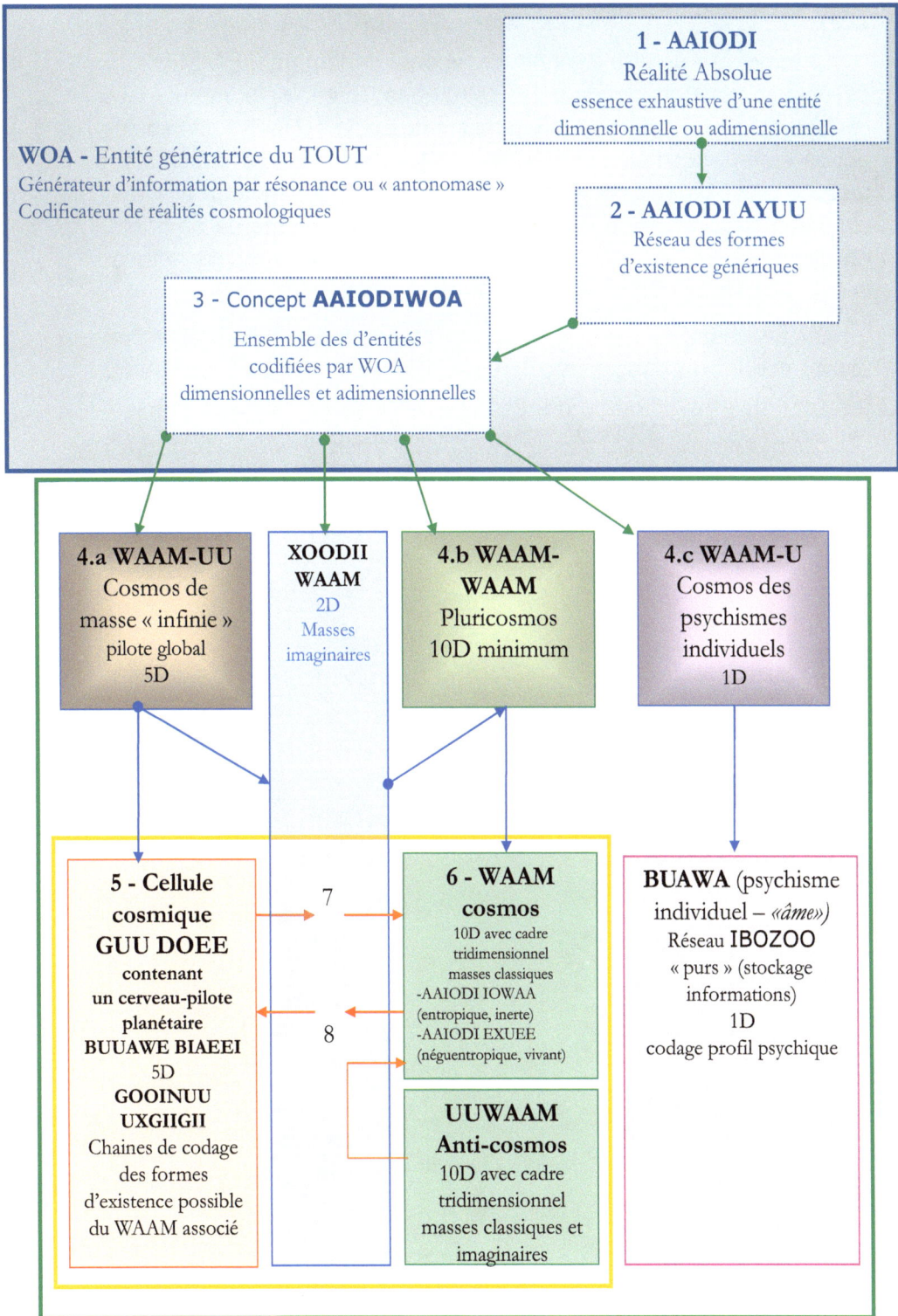

WOA - Entité génératrice du TOUT
Générateur d'information par résonance ou « antonomase »
Codificateur de réalités cosmologiques

1 - AAIODI
Réalité Absolue
essence exhaustive d'une entité
dimensionnelle ou adimensionnelle

2 - AAIODI AYUU
Réseau des formes
d'existence génériques

3 - Concept AAIODIWOA
Ensemble des d'entités
codifiées par WOA
dimensionnelles et adimensionnelles

4.a WAAM-UU
Cosmos de
masse « infinie »
pilote global
5D

XOODII WAAM
2D
Masses
imaginaires

4.b WAAM-WAAM
Pluricosmos
10D minimum

4.c WAAM-U
Cosmos des
psychismes
individuels
1D

5 - Cellule cosmique GUU DOEE
contenant
un cerveau-pilote
planétaire
BUUAWE BIAEEI
5D
GOOINUU UXGIIGII
Chaines de codage
des formes
d'existence possible
du WAAM associé

7

8

6 - WAAM cosmos
10D avec cadre
tridimensionnel
masses classiques
-AAIODI IOWAA
(entropique, inerte)
-AAIODI EXUEE
(néguentropique, vivant)

UUWAAM Anti-cosmos
10D avec cadre
tridimensionnel
masses classiques et
imaginaires

BUAWA (psychisme
individuel – *«âme»*)
Réseau **IBOZOO**
« purs » (stockage
informations)
1D
codage profil psychique

37

UN ÊTRE VIVANT TRANSCENDANT : OEMMIIWOA

Le concept d'un être vivant transcendant dénommé OEMMIIWOA est atypique et marginal dans l'Histoire de la Cosmologie, même dans la Cosmologie oummaine. Cependant cette entité est indissociable des autres entités cosmologiques et son rôle nous impacte directement jusque dans le quotidien. Cette entité cosmologique vivante et transcendante est connue de la métaphysique sous le terme de prophète, envoyé de Dieu. Ceci nécessite d'être explicité dans le cadre rationalisé du modèle cosmologique Oummain…

L'être vivant OEMMIIWOA est un être humain mutant. Cet être est en connexion directe avec le Méta-Cerveau planétaire BUAWE BIAEI dont il dépend, et donc par extension conceptuelle immédiate avec WOA. L'OEMMIIWOA est du même type que l'espèce humaine finale de l'évolution et elle sera dénommée ici *Homo divinis*. *(voir aussi le chapitre Emergence et évolution de l'Homme).*

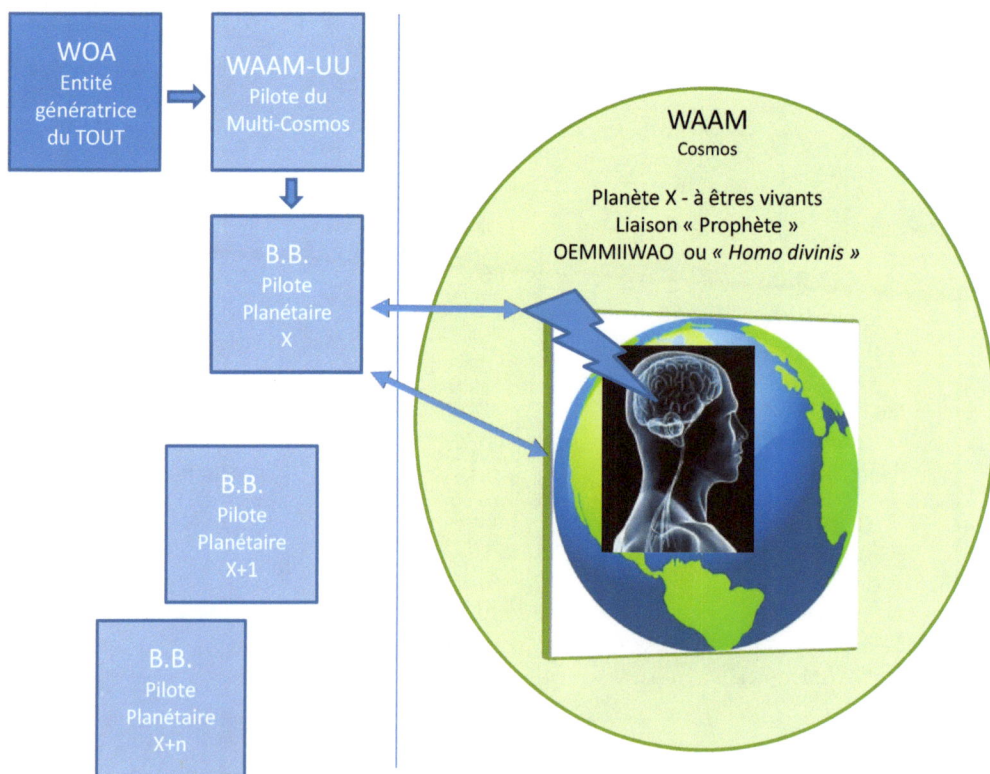

L'analyse sémantique du vocable phonétique oémiwoa nous éclaire sur la fonction de l'Homo divinis qui est unitairement vu comme un prophète dans un monde d'humains équivalents à *Homo sapiens*.

Le concept de OEMMIIWOA, n'est pas exactement le concept général de prophète, qui serait UMMOWOA pour le prophète de la planète UMMO ou OAYAGAAWOA pour le prophète de la Terre. En l'occurrence, suivant les indications des documents oummains, le seul individu mutant connu de ce type sur Terre fut Jésus Christ.

Le mot OEMMIIWOA désigne d'une manière générale un humain doté d'un cerveau singulier avec une connexion divine. Un ensemble de mutations cérébrales lui donne accès à un nouveau canal d'informations directement avec l'entité cosmologique B.B. le pilote planétaire.

La traduction de OEMMIIWOA dans le contexte :

- (corps délimité par l'enveloppe corporelle) qui a accès (au générateur d'entités déplacées)
- l'Humain a Dieu
- Humain connecté avec Dieu

Autrement dit, l'espèce humaine finale : *Homo divinis*

D792 : STRUCTURE cosmobiologique : Dans un OEMMIIWOA se présentent les classiques réseaux BAAYIODUU intégrés par des atomes de Krypton qui mettent son encéphale en connexion avec son BUAAWAA et avec le BUAWWEE BIAEII. Mais, de surcroît, apparaît un nouveau réseau avec un nombre, inconnu pour nous, d'atomes de Kr (Krypton) qui établit une connexion informative avec le pôle cosmique d'information WOA.

FONCTION DU OEMIIWOA : Dans le cerveau de l'encéphale ayant subi ainsi une mutation, se traitent à un niveau inconscient, les UAA de WOAA. La AYUUEAOIDII ou émergence (fonction) de ce réseau nerveux, se manifeste avec une intensité grandiose dans le plan merveilleux de la Nature Cosmologique. Cet encéphale a pour mission d'injecter dans le réseau social ces lois de régulation néguentropique, à des encéphales dotés de libre arbitre, capables de les accepter ou de les repousser. L'information concernant ces lois (morales, diriez-vous) se canalise à partir de ce cerveau, jusqu'au corpus global de données que forme le patrimoine culturel de cette société.

L'OEMIIWOA se convertit ainsi en récepteur direct de certains patrons d'ordonnancement contenu en WOA, et non seulement par le truchement du B.B. comme pour le reste des êtres humains.

La structure chromosomique de l'OEMMIIWOA l'empêche de procréer avec un OEMMII puisque tous les deux sont d'espèces distinctes. [...] cet OEMMIIWOA ignore que son organisme est distinct des autres humains intelligents, étant donné que son anatomie est très semblable.

La Cosmo-Physique

Nous avons exploré une vision cosmologique globale dans la perspective de l'infiniment grand, et celle-ci doit être complétée par une vision globale de la physique dans la perspective de l'infiniment petit.

Nous allons donc explorer les objets de la Physique liée à cette Cosmologie.

Le substrat universel IBOSDSOO

D117 : Nous appelons IBOOZOO UU des entités dont la suite est reliée entre elles par diverses rotations angulaires. Elles peuvent présenter des caractéristiques énergétiques de masse ou d'espace, dépendant des rotations correspondantes aux éléments de cette séquence.

L'univers, composé de cette infinité de cosmos, serait constitué par un substrat d'éléments multidimensionnels, assez similaires aux cordes infinitésimales présentées dans la Théorie des M-Cordes d'Edward Witten. Ces éléments multidimensionnels sont non-locaux, c'est-à-dire qu'ils sont subquantiques, sans notion de temps, sans notion d'espace, sans notion de force ou d'énergie. Et pour cause, le temps, l'espace, les forces ou l'énergie émergeront de ce substrat subquantique non-local…

Depuis très longtemps les hommes ont suspecté l'existence de ce substrat universel. Ils l'ont intuité dans le cadre la cosmologie simple de notre seul cosmos. Ce substrat universel est une sorte de grand maillage virtuel qui a été interprété par les grands penseurs indiens comme une illusion. Le monde était une illusion émergeant de la Maya Védique.

Comme il est dit dans la Svetasvara Upanishad : *Il faut savoir que la Nature est Maya, illusion, que Brahman est l'illusionniste et que ce monde est peuplé d'êtres qui prennent part à sa présence.*

Presque toutes les cultures ont pressenti cela, il serait trop long d'en faire un historique exhaustif, mais plus proche de nous dans le temps, au XVIIème siècle Leibniz, à la suite des pythagoriciens, il vit l'origine du cosmos constituée d'entités fondamentales, baptisées par lui monades, dont chacune s'offrait comme un reflet du tout et ne pouvait être définie que par ses rapports avec les autres monades. Tout être est soit une monade soit un composé de monades.

Quant à leur nature, les monades sont des substances simples douées d'appétition et de perception. Quant à leur structure, ce sont des unités par soi, analysables en un principe actif appelé âme, forme substantielle ou entéléchie, et en un principe passif, dit masse ou matière première. Quant à leur expression, les monades sont chacune un miroir vivant, représentatif de l'univers, suivant leur point de vue.

Quant à leur hiérarchie, les monades présentent des degrés de perfection : au plus bas degré, les monades simples ou nues se caractérisent par des perceptions inconscientes. Elles contiennent toutes les informations sur l'état de toutes les autres, mais n'ont ni conscience ni mémoire… Cette approche conduisit Leibniz à inventer le calcul intégral.

Quelques siècles plus tard, grâce aux découvertes mathématiques de Fourier, en 1947 le physicien Dennis Gabor inventera le principe de l'holographie. Il s'agit d'un procédé d'enregistrement de la phase et de l'amplitude de l'onde diffractée par un objet. La diffraction est le résultat de l'interférence des ondes diffusées par chaque point et comprend une limite de résolution, distance ou l'angle minimal qui doit séparer deux points contigus pour qu'ils soient correctement discernés par un système de mesure ou d'observation.

Ce procédé d'enregistrement permet de restituer ultérieurement une image en trois dimensions de l'objet, l'hologramme. Pour l'enregistrer, il faut coder sur un support l'amplitude et la phase de la lumière issue de l'objet considéré. Pour cela, on fait interférer deux faisceaux cohérents sur une plaque photographique. Le premier faisceau, appelé onde de référence, est envoyé directement sur la plaque. Le second, appelé onde objet, est envoyé sur l'objet à photographier, qui diffuse cette lumière en direction de la plaque photographique. La figure d'interférences ainsi formée contient toutes les informations concernant l'amplitude et la phase de l'onde objet, c'est-à-dire la forme et la position de l'objet dans l'espace.

Ce principe inspirera au physicien David Bohm son modèle holographique subquantique en 1952, qui sera en partie le précurseur terrestre du modèle IBODSOO.

Auparavant, le grand physicien danois Niels Bohr avait noté d'étranges phénomènes quantiques d'interconnexion entre particules que l'on nommera par la suite phénomènes d'intrication quantiques. Niels Bohr pensa que si les particules élémentaires n'existaient pas avant d'être observées, les concevoir comme des objets indépendants n'avait pas de sens. Parler de leurs propriétés et caractéristiques en tant qu'objets préexistant à l'observation perdait tout son sens. C'était on ne peut plus déconcertant. Pour Albert Einstein, Boris Podolsky et Nathan Rosen, c'était même inadmissible et ils publièrent un article célèbre *Peut-on tenir pour complète la description du réel par la physique quantique?* Expliquant qu'il ne pouvait y avoir d'interconnexion entre des particules plus rapides que la lumière, ce qui est connu sous le nom de paradoxe Einstein-Podolsky-Rosen.

Prenant en considération, les observations de Niels Bohr et d'Albert Einstein, le physicien des plasmas David Bohm considéra que des particules comme les électrons ont une existence tangible en l'absence de tout observateur. Mais, sa connaissance des plasmas lui laissa supposer aussi une réalité enfouie, sous-jacente, d'un plan subquantique encore inexplorée par la science. Il baptisa ce nouveau champ potentiel quantique et lui attribua, comme à la gravité, la propriété théorique d'être omniprésent dans l'espace. Cela lui permit de comprendre que les électrons des plasmas puissent avoir le comportement de globalités interconnectées au sens de Bohr. Il constate que les électrons du plasma restent groupés du fait que, par l'entremise du potentiel quantique, c'est l'ensemble du système qui effectue un mouvement coordonné plus proche de la chorégraphie que des aléatoires remous d'une foule. Cette activité est plus proche du fonctionnement des différentes parties d'un organisme vivant que de l'assemblage des pièces d'une machine. L'interprétation donnée par David Bohm de la physique quantique suggère qu'au plan subquantique, dans le champ de potentiel quantique, toute localisation cesse d'exister. Chaque point de l'espace y est consubstantiel à l'ensemble des autres et parler de quoi que ce soit comme distinct de ce tout devient absurde. C'est ce que l'on nomme la non-localité. L'aspect non-local du potentiel quantique permet à David Bohm d'expliquer la connexion entre deux particules jumelles sans violation de l'interdit relativiste pesant sur tout transfert à une vitesse supérieure à celle de la lumière…

Les expériences apportant les preuves décisives de ce qui s'appelle maintenant l'intrication quantique, viendront en 1982, par le physicien Alain Aspect et son équipe de l'Institut d'Optique d'Orsay-Paris XI. Ils démontrèrent que les particules atomiques de notre monde physique sont intriquées de manière non-locale. Il existait donc bien un substrat subquantique non-local…

Rejoignant le concept de la Maya, David Bohm développa une théorie de l'univers holographique, en pensant que la réalité de notre monde est l'expression d'un hologramme, c'est-à-dire issue d'un substrat holographique non-local. Un électron ne serait pas une particule élémentaire, juste un nom pour un certain aspect de la dynamique du substrat d'un hologramme. Selon lui, un ordre implié, régi par des principes holographiques expliquerait aussi l'aspect non local pris par le réel au niveau subquantique. Et si la structure de l'univers était celle d'un hologramme, comment s'étonner qu'il soit doté de propriétés non locales ?

Par un abus logique David Bohm pensera que finalement chaque point de ce substrat de l'univers pouvait contenir l'univers tout entier. Cet abus sémantique et logique n'est déjà pas fondé pour un codage holographique basique, puisque la définition ou le grain de celui-ci se réduit à chacune de ses extractions, même s'il conserve sa structure grâce aux propriétés des transformations de Fourier. L'idée erronée que tout point du codage holographique contiendrait l'hologramme entier, est une absurdité qui fait flores…

Cependant, le concept holographique issu d'interférences a des similitudes avec le modèle du substrat cosmologique IBOSDSOO, non-local et comportant une quasi-infinité d'axes dimensionnels, parcourus par des interférences d'ondes stationnaires. Les interférences d'ondes stationnaires seraient alors l'hologramme d'où émergent les masses, volumes et forces ou énergies manifestés dans le monde physique…

La mode holographique a donné lieu une multitude d'interprétations, pas forcément cohérentes entres elles. Par exemple, en 1994 le physicien néo-zélandais Gerard Hooft exprimera cette idée pour désigner un univers tri-dimensionnel émergent de deux dimensions sous-jacentes…

De même que dans les années 2010, le physicien Nassim Haramein développe une théorie de l'univers holofractographique et reprend de nombreux concepts physiques et philosophiques existants, dont le champ potentiel quantique de David Bohm et les équations d'Einstein de la Théorie du champ unifié. Nassim Haramein les développe avec des aspects géométriques innovants autour d'un modèle à double tore et une approche fractale. Il reprend ainsi des idées proches de David Bohm, mais en les restreignant autour du concept de vide quantique et de trous noirs-trous blancs, là où David Bohm voyait une structure holographique dynamique. Par ailleurs, la vision fractale de l'univers selon Nassim Haramein semble une abstraction bien loin de trouver des phénomènes qu'elle pourrait expliquer concrètement…

Bien que Nassim Haramein ait compris que la physique conventionnelle était obsolète, il tente proroger les travaux d'Albert Einstein et ne parvient pas à produire un modèle ni plus judicieux, ni plus perspicace que celui de David Bohm. La thèse d'un substrat subquantique non-local de David Bohm reste la plus pertinente à ce jour, malgré ses lacunes par son manque de vision cosmologique…

Ainsi, suivant nos amis d'UMMO, le substrat universel serait constitué de nœuds d'interconnexion d'axes décadimensionnels (une quasi-infinité d'axes en réalité, dont 10 suffisent pour exprimer le monde que nous connaissons) nommés ibosdsoo dont chaque axe est nommé OAWOO selon la terminologie oummaine. Au lieu d'avoir des cordes qui vibrent suivant différentes fréquences pour manifester l'espace, la matière, l'énergie et les forces, ces nœuds multidimensionnels seraient comme des rotules virtuelles (point mathématique décadimensionnel) pouvant opérer des rotations angulaires sous différents axes. A la différence des cordes qui sont supposées avoir une existence physique, ces ibosdsoo ne seraient que la résultante d'interconnexions d'au moins 10 dimensions mathématiques. L'ibosdsoo n'existe pas en soi, et chacun de ses axes a une orientation qui lui est propre. L'ibosdsoo n'existe que par rapport à un autre ibosdsoo. Le substrat IBOSDSOO est non-local et comme l'avait pressenti Niels Bohr, il n'existe pas tant qu'il n'est pas manifesté.

Deux ibosdsoo s'associent par le jeu d'une différence angulaire très faible. Ils sont alors le support permettant la manifestation de toute matière, énergie, espace, temps, gravité, forces électromagnétiques ou nucléaires.

Ils forment, selon la terminologie oummaine une paire d'ibosdsoo nommée ibosdsoo-ou. L'ibosdsoo-ou constitue le substrat universel de toute matière, toute énergie, espace ou temps dans le modèle cosmologique oummain, et a priori de la grande majorité des exocivilisations du cosmos, avec des formalisations diverses évidement…

Les IBOSDSOO s'associent et forment des chaînes suivant leurs différents axes. Ils constituent, en quelque sorte, le maillage théorique supportant toute manifestation de force, temps ou espace dans le cosmos/anticosmos.

D'une certaine manière ces nœuds précèdent ce que nous appelons dimensions et ils s'intègrent à une théorie de cosmologie gémellaire, essentielle pour envisager des voyages interstellaires. En fonction de leur rotation angulaire, ils peuvent manifester différents aspects, différentes natures et modifier l'état même de la matière.

PAIRE D'IBODSOO-OU (IBOZOO UU)

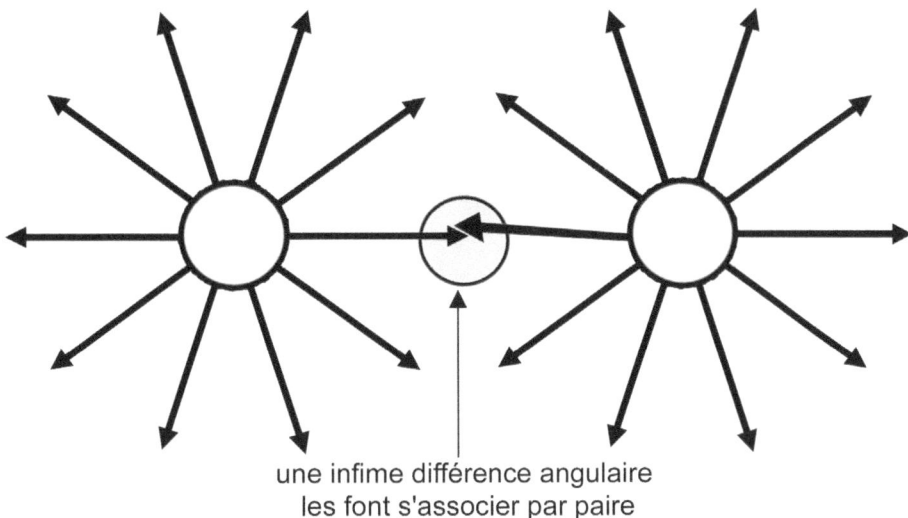

une infime différence angulaire
les font s'associer par paire

L'exemple des libellules :

L'univers est comme un essaim de libellules dont les ailes forment des angles différents.

Toutes ces libellules voltigent de façon telle que pas une seule ne présente une orientation de ses ailes semblable à une autre de ses sœurs. Autrement dit, il n'y aura pas une seule paire de libellules qui, à un instant donné, pourra se superposer de manière que les ailes et les abdomens coïncident.

Mais, comme nous vous l'avons déjà dit, cette image est excessivement grossière et éloignée dans son analogie. En premier lieu chaque libellule occupe un lieu dans l'espace en chaque instant t. C'est-à-dire que leurs centres de gravité et d'inertie occupent des zones définies (selon notre conception illusoire).

Un IBOZOO UU lui n'occupe aucune position définie, nous ne pouvons pas dire de lui qu'il existe une probabilité de le trouver localisé en un point. Mais par contre l'IBOZO UU IEN AIOOYAA (existe). (IEN : paire, deux)

D'autre part, cet insecte volant a une masse et un volume (au moins pour notre esprit). L'IBOZOO UU

n'est pas une particule pourvue de MASSE ou corporelle. Dans une première approximation conceptuelle,
nous pourrions dire de lui qu'il s'agit d'un faisceau
(Ndt: également : botte, fagot) d'axes orientés. Ce
qui est le plus important pour un tel faisceau ce
sont précisément les angles que forment ces axes,
plutôt que les axes eux qui s'apparentent à une fiction mathématique. Les libellules de notre essaim
infini vivent dans le temps, se meuvent par courts
intervalles de temps sur des distances infinitésimales. L'IBOZOO UU n'existe pas dans le temps, il est
lui-même le temps. Précisément un de ses angles est
la magnitude temps comme nous l'expliquerons dans un
autre rapport avec plus d'éclaircissements).

Pour être plus exacts : ce que nous appellerions
INTERVALLE INFINITÉSIMAL DE TEMPS n'est que la résultante d'une différence d'orientation angulaire entre
deux IBOZOO liés ou IBOZOO UU.

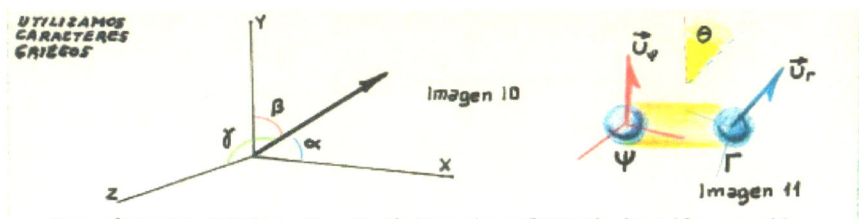

Si après cette explication sommaire vous concevez
notre Théorie de l'Espace en imaginant, par exemple,
que l'espace est une masse dense de particules semblables aux atomes, vous êtes dans l'erreur, puisque
les particules d'un gaz tel que vous le connaissez occupent des positions probabilistes dans une
enceinte, alors que ce n'est pas le cas des IBOZOO UU.
Vous ne devez pas non plus identifier un tel espace
à l'antique concept de l'ÉTHER banni par la théorie
de la relativité, puisque le réseau d'IBOZOO UU n'est
aucunement un milieu élastique dans lequel se trou-
veraient immergés les atomes des corps.

Vous pourriez aussi nous demander : par rapport
à quel AXE de référence universel sont orientés les
angles de l'IBOZOO UU ?
Naturellement AVEC AUCUN. Il n'existe aucun axe de
référence dans le WAAM (bicosmos), car cela suppose-
rait d'imaginer une droite réelle dans le Cosmos. Or,
une telle droite, comme nous l'avons indiqué, est une

fiction.

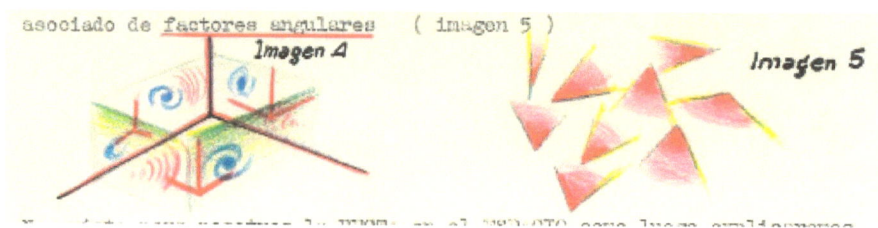

Lorsque maintenant nous nous référerons à l'angle qu'adopte un des axes imaginaires d'un IBOZOO UU, nous nous référerons à un quelconque autre IBOZOO UU adopté conventionnellement comme modèle ou référence. (extraits document D59)

ONDES ET IBOSDSOO

D45 : Mais n'oubliez pas que nous considérons le cosmos comme un système décadimensionnel, WOA engendre une série infinie de trains d'ondes (des fonctions sinusoïdes) de fréquences, d'amplitude et de phase distinctes. L'ESPACE se voit ainsi tordu, en provoquant une série D'ONDES STATIONNAIRES et de NŒUDS qui se réfléchissent dans l'infini du WAAM. Ces ondes stationnaires ne sont que les plis du CONTINUUM ESPACE-TEMPS que nous appelons MASSES (Galaxies, Gaz, Animaux, etc...). Ainsi s'explique la confusion des scientifiques terrestres quand ils observent l'apparente contradiction qu'un électron soit en même temps CORPUSCULE (masse) et ONDE : c'est une confusion ingénue.

L'apport le plus intéressant du Modèle holographique de David Bohm, est de présenter un substrat universel ondulatoire et non-local d'où émergent les particules, très proche in fine du modèle IBOSDSOO.

Ce sont bien ces trains d'ondes qui en traversant le substrat universel, constitueront des chaînes d'IBOSDSOO.

Ces ondes ou chaînes d'IBOSDSOO, faisant émerger en plus du temps et des volumes qui constituent l'Espace-Temps, aussi en particulier les forces et les masses sous forme de particules…

Concernant les trains d'ondes du substrat universel, je pense qu'il faut introduire une distinction sémantique importante. En effet, le substrat universel étant non-local, parler d'ondes n'a probablement pas de sens… c'est probablement la raison pour laquelle nos amis d'Ummo parlent plutôt de chaînes…

Le terme onde devra être réservé aux fonctions ondulatoires émergentes et je parlerai de chaînes aux fonctions ondulatoires dans le substrat universel… Ainsi, nous introduisons une nouvelle distinction conceptuelle qui aura probablement des conséquences importantes sur les sciences futures…

LES DIMENSIONS UNIVERSELLES *OAWOO*

Cosmos/anticosmos se définirait mathématiquement par un minimum de 10' dimensions angulaires ou OAWOO selon la terminologie oummaine. Ces 10 D théoriques minimales, sont présentes dans toutes les paires de cosmos. Le sens et la nature de ces 10' dimensions angulaires ne sont pas aisés à comprendre. Il sort très largement de nos manières de concevoir le temps et l'espace. Un texte oummain en parle en ces termes (D41-15) :

> Notre cosmos est ce que vous appelez un continuum espace-temps (il nous a fallu 10 dimensions pour le définir mathématiquement). Nous pourrions spéculer en lui attribuant une infinité de dimensions, mais nous ne sommes pas en mesure de le prouver.
>
> De ces dix dimensions, trois sont perceptibles par nos organes sensoriels et une quatrième — le temps — est perçue psychologiquement comme un flux continu dans le sens unique que nous appelons UIWIUTAA (flèche ou sens orienté du temps).
>
> Vous pouvez imaginer que notre bicosmos primitif ressemblait davantage à une petite sphère vide. Un petit univers sans galaxies, sans gaz intergalactiques, seul l'espace existant dans le temps (figure 1).
>
> Chaque courbure nouvelle suppose une dimension et enfin, il le plisse. Observez que nous sommes en train d'employer une comparaison, un symbole, car on pourrait exprimer cela correctement seulement d'une manière mathématique. Par exemple, l'expression plisser l'espace peut paraître infantile, mais elle est très didactique.
>
> '… Arrivé à cet instant [Big-Bang], tout l'univers est réduit à un réseau d'IBOSDSOO UU dont tous ses

composants sont orientés à angle nul (rayon zéro) qui, si nous pouvions le percevoir, nous semblerait un point avec une densité de masse infinie (ceci, vos frères cosmologistes de la Terre l'ont bien compris et c'est totalement certain). Ce qui n'est pas certain, c'est que ce cosmion ou univers primordial, soit instable et par conséquent explose. Si les Univers adjacents n'existaient pas et s'il n'y avait pas plus que deux types de masse (et non quatre) qui perturberaient cette hypermasse en la déséquilibrant, ceci serait le stade final du cosmos décrit. Il survient donc une expansion accélérée par l'apport énergétique initial de cette perturbation (qui est inversement proportionnelle au rayon).

L'analyse sémantique de oawo

D59 : n'importe quelle particule (ÉLECTRON, MÉSON ou GRAVITON) est PRÉCISÉMENT un IBOZOO UU orienté d'une façon particulière par rapport aux autres.

Pour nous, la DROITE dans l'ESPACE n'existe pas, comme nous l'expliquons plus loin, ainsi le CONCEPT d'OAWOO (DIMENSION) prend pour nous un sens différent. De telles dimensions sont associées non pas à des GRANDEURS SCALAIRES, mais à des GRANDEURS ANGULAIRES

Nous considérons dans la sphère de la figure S59-f10 un OAWOO (avec ce nom nous spécifierons dans la sphère aussi bien le concept d'AXE des mathématiciens terrestres, que le VECTEUR avec ses attributs de module, origine et extrémité). Dans ce cas vous traduirez OAWOO par RAYON VECTEUR U (U fléché).

L'OAWOO, d'autre part, N'EST PAS UNE CONVENTION : ce n'est pas un simple paramètre, une manière arbitraire de représenter un IBOZOO UU (tel que peut l'être, par exemple, le nombre leptonique inventé par les physiciens de la Terre).

L'OAWOO n'existe pas sans l'imaginer lié ou connexe à un autre OAWOO avec lequel il forme un ANGLE ÉLÉMENTAIRE que nous appelons IOAWOO.

IL N'EST PAS POSSIBLE DE CHOISIR DANS LE MÊME

IBOZOO UU un système référentiel. Un tel SYSTÈME RÉFÉRENTIEL DOIT ÊTRE APPORTÉ PAR UN AUTRE IBOZOO UU, arbitrairement choisi. Et c'est précisément cet IOAWOO Thêta (ANGLE-DIMENSION) qui confère à l'IBOZOO UU tout son sens transcendant.

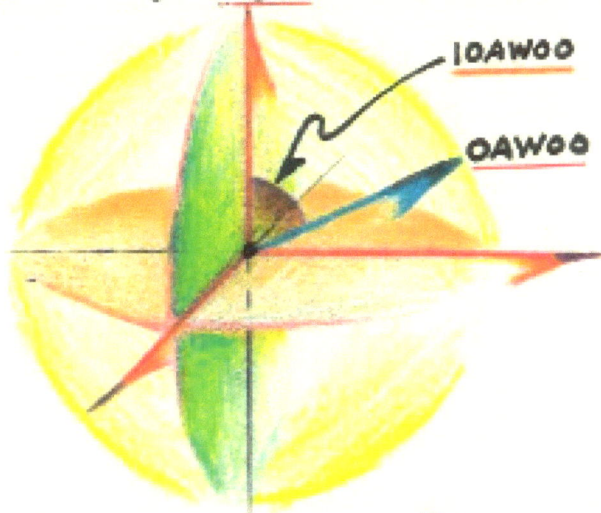

En fait, il sera beaucoup plus accessible d'imaginer le concept d'IOAWOO (nous traduirons par ANGLE FORMÉ PAR DEUX OAWOO). Vous vous souviendrez des documents précédents et comment nous avons identifié cet IOAWOO à certaines grandeurs qui vous sont familières (LONGUEUR ET TEMPS).

D59 : Nous, au contraire, nous savons que le WAAM (cosmos) est composé par un réseau d'IBOZOO UU. Nous concevons l'ESPACE comme un ensemble associé de facteurs angulaires (S59-f5).

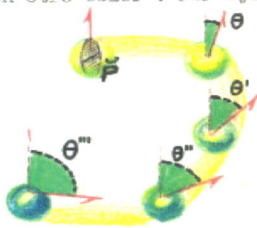

la DROITE dans l'ESPACE n'existe pas

Imagen 15

Le concept OAWOO désigne l'orientation axiale d'une dimension-angulaire d'un IBOSDSOO, où chaque IBOSDSOO est constitué de 10 dimensions-angulaires OAWOO.

Une dimension-angulaire étant constituée par un faisceau d'une infinité physique, une quasi-infinité, d'OAWOO. Chacun d'entre eux étant séparé par un angle élémentaire IOAWOO, chaque dimension-angulaire couvrant 360 ° degrés (0 à 2 pi).

Deux OAWOO successifs d'une dimension-angulaire donnée, forment donc un angle élémentaire (ultime, minimal et incompressible) IOAWOO.

Comme la sémantique l'indique, chaque IOAWOO identifie chaque paire de OAWOO de manière unique d'où émergent des entités matérielles d'espace, temps, masse et d'énergie.

La dimension-angulaire (ou faisceau, ou facteur angulaire) est délimitée, bornée, par deux OAWOO orthogonaux au sens mathématique du terme (à l'intérieur d'une dimension-angulaire les IOAWOO couvrent 360 ° degrés). Dans le cas particulier d'un espace tridimensionnel, l'orthogonalité correspond à la perpendicularité.

Chacune des quatre dimensions-angulaire d'où émergent notre espace géométrique courant et le temps, est nommée par les Oummains OAWOO UXGIGI ou OAWOO réel.

La transcription de OAWOO est :

- [(O) entité a déplacement] a génération] a entité matérielle]

- Les entités déplacées (la suite d'angles du réseau d'IBOSDSOO) génèrent la matérialité

- La suite d'angles du réseau d'IBOSDSOO génère la matérialité

- Axe générateur d'entités dimensionnelles

TOPOLOGIE DIMENSIONNELLE D'UN COSMOS *WAAM*

Voici la topologie dimensionnelle d'un cosmos WAAM décrite par nos amis d'UMMO. Notons que cette topologie correspond donc aussi à celle du substrat universel IBOSDSOO.

Notre modélisation mathématique de WAAM-WAAM tétraédrique nécessite uniquement 12 dimensions pour s'exprimer. Notre modèle physique fonctionnel, considère uniquement 10 dimensions :

Le trièdre dimensionnel constituant le temps (T) est réduit à une seule dimension axiale autour de laquelle pivotent les 3 autres trièdres.

Dans chacun des 3 autres trièdres, chaque dimension se définit angulairement par rapport l axe T.

Les positions angulaires des dimensions sont séparées par un incrément angulaire minimum, vérifié expérimentalement d'environ $6,10^{-11}$ radians.

En deçà de cet incrément les vibrations dimensionnelles se confondent en un seul harmonique.

Il n'existe donc en pratique, qu'environ 10^{11} orientations angulaires distinctes entre une dimension et l'axe T dans l'intervalle de 0 à 2 pi dans chacun des degrés de liberté.

Chaque combinaison des orientations possibles au travers des 9 dimensions libres constitue un WAAM (univers/cosmos).

Le nombre de WAAM possible est ainsi limité à un maximum de 10^{495}.

Le WAAM-WAAM est donc limité. De même sont limitées les émergences de potentialités au sein de chaque WAAM

Chaque WAAM, notre cosmos y compris, à l'exception de 2 cosmos limites, s'exprime en 10 dimensions qui ne sont pas, toutes perceptibles par l'OEMII.

Chaque trièdre dimensionnel comporte 3 dimensions.

Vous pouvez vous représenter chaque trièdre sous la forme d'une pyramide, à base triangulaire, dont les arêtes sont élastiques et articulées à chaque sommet selon 9 degrés de liberté, l'un des sommets étant par ailleurs articulé autour de l'axe T.

De chacun des 3 trièdres libres, aucune arête ne peut prendre la même orientation qu'une autre quelconque y compris, et en particulier celle de l'axe T.

Autrement dit, 6 degrés de liberté : hauteur, largeur, profondeur et trois axes roulis, tangage et angle de lacet. Les 3 autres degrés de liberté supplémentaires devant être relatifs au Temps.

Rappelons-nous que chaque dimension contient elle-même une quasi-infinité d'orientations angulaires (qu'environ 10^{11} orientations angulaires)... Par exemple, si nous regardons un objet matériel dans notre Espace-Temps nous voyons donc qu'il résulte déjà de 9 dimensions générales. Dans les dimensions volumiques peuvent se manifester la vitesse et l'accélération, linéaire et angulaire. Ce qui nous fait 12 orientations angulaires.

En plus, des axes de masse de l'objet, il y a les axes de l'énergie qu'il contient (potentiel, cinétique...) et les forces qu'on lui applique sur les 3 faces selon les 3 axes... Si l'objet peut se déformer, nous aurons des orientations angulaires comme la dilatation ou la compression dans les 3 axes ou la flexion et la torsion dans les 3 angles.

L'objet peut réagir aux ondes électromagnétiques, à la chaleur, à la lumière et/ou les radiations, il faut rajouter les axes liés aux coefficients de transmission, de réflexion et d'absorption à ces différentes tranches d'ondes... Si l'objet est mou ou liquide, nous ajouterons encore des axes pour la fluidité et la viscosité. Ainsi, un objet matériel se décrira par une quasi-infinité d'orientations angulaires...

Voici la répresentation géométrique que nous en faisons (réalisation de Philippe Douillet), nous posons par exemple, par convention que :

- *le trièdre bleu sont les dimensions de masse (avec un petit axe blanc de centrage)*

- *le trièdre rouge les dimensions volumiques, (avec un petit axe blanc de centrage)*

- *le trièdre jaune les dimensions de forces (avec un petit axe blanc de centrage).*

- *L'axe du Temps est l'axe central en noir.*

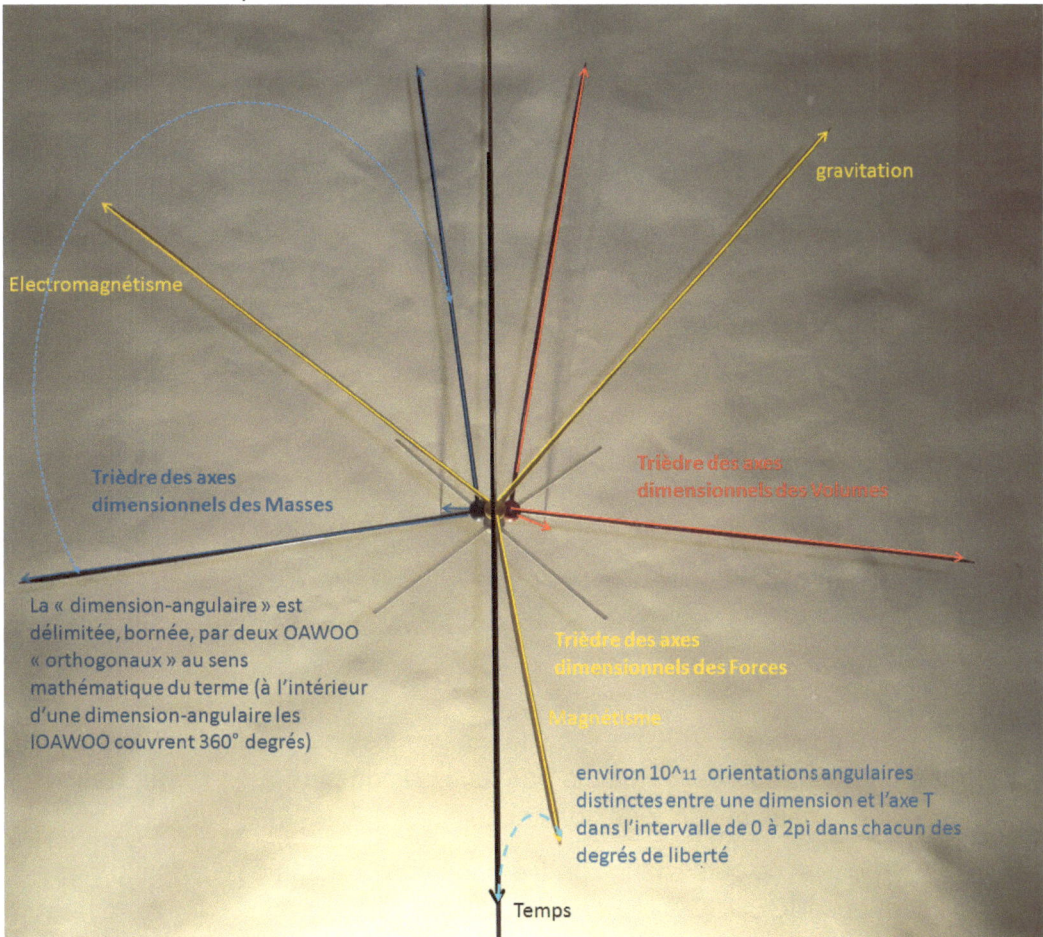

LES OAWOO ET LES GROUPES DE JAUGE

Les analogies entre nos dimensions vectorielles usuelles et les dimensions angulaires ne sont pas aisées. Dans *Présence, Ovnis, Crop Circles et Exocivilisations* nous avions fait des analogies avec les dimensions angulaires ou OAWOO avec les groupes et symétrie de jauge.

In fine, chaque trièdre dimensionnel Force, Volume, Masse, serait un groupe et symétrie de jauge. Quelle que soit l'orientation angulaire dans le trièdre, la Force, le Volume ou la Masse y reste invariant.

N'importe quelle particule (électron, boson ou graviton) est précisément un IBOSDSOO UU orienté d'une façon particulière par rapport aux autres. (D59)

Souvenez-vous que les vecteurs représentatifs des champs gravitationnels, électrostatiques et magnétiques forment un trièdre au sein de l'espace pluridimensionnel. Les trois champs sont en réalité identiques. C'est notre perception physiologique illusoire qui leur attribue une nature différente selon leur orientation (D57-3).

LE MULTI-BIG-BANG DU WAAM-WAAM

Le Multi-cosmos réalise la concrétisation physique des potentialités des objets métaphysiques ou transcendants.

Ainsi le WAAM-WAAM s'organise au fur et à mesure qu'il est engendré par WOA. Ce processus est à la fois simultané et infini.

Le chercheur VMo nous en donne une vision pédagogique. Ce graphique ne reproduit toutefois pas toute la complexité de l'organisation que l'on peut imaginer en 10 dimensions.

Le plan de coexistence peut être interprété comme l'ensemble existant des IBOSDSOO UU de tout substrat d'univers.

Les zones en U verticales suggèrent l'expansion antérieure des paires d'univers. Les lignes épaisses matérialisent en une dimension linéaire, le passé constitué de chaque cosmos, au bout duquel le présent continue à condenser du passé. Ces flèches illustrent la façon dont je comprends les temps opposés.

Il est suggéré que l'univers extrême à rayon nul est au lieu de la génération périodique d'une nouvelle paire.

L'axe vertical est un temps de changement hors du temps physique sans lequel on ne peut guère comprendre l'existence du changement indépendamment de notre concept habituel de temps (une sorte de temps pour l'activité de construction dans l'éternité. De mon point de vue théorique, c'est un temps de processus stochastique).

56

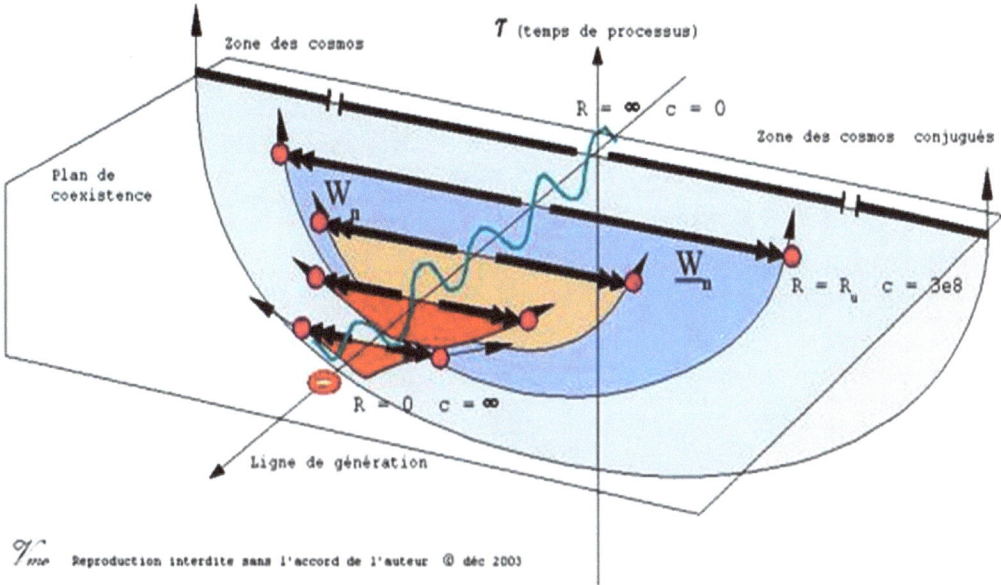

ILLUSTRATION DU PLURI-COSMOS
Le point générateur se déplace et oscille en engendrant une série de paires de cosmos en expansion transversale. Une seule dimension est figurée pour chaque cosmos. Chaque zone de passé constituée correspond à un demi espace-temps. Le tout est plongé dans un hyper-espace émergeant des relations d'éléments discrets et décrit par 10 dimensions.

Point cosmos générateur

Condensation, présent

Zone du passé, direction du temps physique

Dérivée du front de présent

$\mathcal{T}$ (temps de processus)

Zone des cosmos

$R = \infty$ $c = 0$

Zone des cosmos conjugués

Plan de coexistence

W_n

$\overline{W}_n$

$R = R_u$ $c = 3e8$

$R = 0$ $c = \infty$

Ligne de génération

LE BIG BANG ET LES OAWOO

Pour chaque bicosmos, se produisent des cycles constitués d'un Big Crunch suivi d'un Big Bang. Au point d'équilibre entre le Big Crunch et le Big Bang, chaque bi-cosmos est réduit à une chaîne de nœuds multidimensionnels dont les 10 dimensions axiales sont alignées sans la moindre différence angulaire qui permettrait de manifester, en son sein, quelque chose.

Chaque dimension axiale est uniforme à l'infini. Le temps est réduit à une seule unité infinitésimale, autrement dit, il n'existe pas encore vraiment. De même, les dimensions d'espace sont réduites à quelque chose comme une sorte de point et les dimensions de masse sont donc toutes concentrées de la même manière en un quasi-infini. La quasi-infinité d'IBOSDSOO qui constitue le substrat du bicosmos est égale à elle-même, elle se manifeste par une sorte de point.

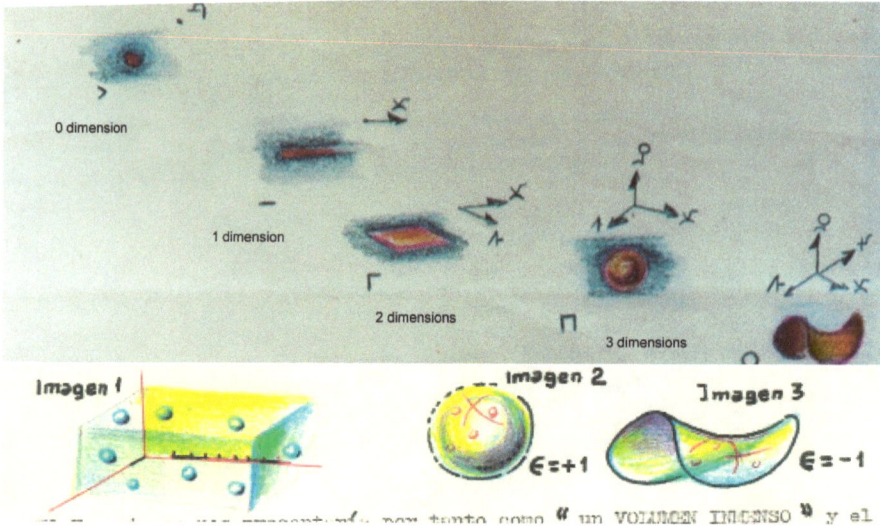

3 dimensions spatiales ; 4 dimensions spatio-temporelles dans une hypers-phère négative

La naissance du Temps

La première composante axiale qui se manifeste donne l'orienta-tion des autres dimensions angulaires ou OAWOO. Ainsi, naît dans chaque bi-cosmos, le temps. L'unité de temps a la même valeur dans chaque paire de bicosmos. Le temps minimal correspondant à la plus petite variation angulaire ou IOAWOO de cet axe, c'est une valeur dis-crète, donc le temps est discontinu et fini. Ce que nous définissons par le temps de Planck de l'ordre de $5\,391 \times 10^{-44}$ seconde, correspondrait à un angle élémentaire sur l'axe du temps, entre deux nœuds multidi-mensionnels IBOSDSOO. Il correspond à une dimension angulaire ou 1 D.

La naissance de l'Espace ou de la Spatialité

L'anisotropie, la naissance de l'Espace ou de la Spatialité, démarre à partir du mur de Planck ($5\,391 \times 10^{-44}$ seconde). Nous pouvons pen-ser que c'est aussi dans cette phase qu'apparaît l'anticosmos.

Concernant les dimensions spatiales, nous pouvons aussi faire l'analogie avec notre approche vectorielle usuelle. La longueur de Planck correspond au diamètre minimal d'une corde dans les théories des Cordes, soit : $lp = 16\,162 \times 10^{-35}$ mètre.

La distance minimale

La notion de distance minimale dans la Théorie des Cordes et celle présentée par les Oummains, sont sensiblement équivalentes. Mais comme l'une utilise un objet-corde et l'autre un concept d'angle, la valeur minimale obtenue est différente.

Pour les Oummains, il n'est pas possible de distinguer une quantité sensée de dimension inférieure à 12^{-13} cm (relation angulaire entre deux IBOSDSOO UU (de l'ordre de 10^{-16} mètre)

Suivant la théorie des IBOSDSOO, l'équivalent de la longueur de Planck correspondrait à un angle élémentaire sur les axes de la spatialité, entre deux nœuds multidimensionnels. La valeur possible de la distance angulaire minimale serait selon les Oummains de l'ordre de 10^{-16} mètre.

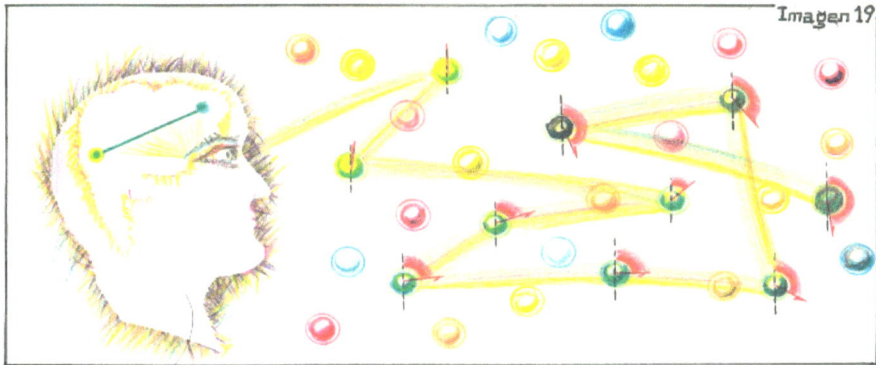

Imagen 19

Imagen 12

Les positions angulaires des dimensions sont séparées par un incrément angulaire minimum, vérifié expérimentalement d'environ $6,10^{-11}$ radians. Nous pouvons calculer que dans un angle de $6,10^{-11}$ radian, pour trouver une longueur de 10^{-16} mètre, il faut donc se situer à une distance de l'ordre de $1,66 . 10^{-5}$ mètre du centre de l'angle (une distance très faible qui se situe dans les infrarouges).

L'ÉPAISSEUR DU TEMPS

La Vague du Temps

Certains lecteurs trouveront étrange que je parle de l'épaisseur du Temps. Revenons un peu sur ce qui nous conduit à cette notion. Le Temps oriente toutes les autres dimensions de notre cosmos.

Le Temps est comme un hors-bord sur la mer des IBODSOO, cette mer qui est un substrat non local d'où émergent les dimensions de Temps, de Volume, de Masse et de Forces.

Le hors-bord du Temps produit une vague, un sillage, qui n'est autre que l'émergence des dimensions de Volume, de Masse et de Forces.

No Futur

Comme dans cet exemple analogique, nous voyons bien que la vague du Temps « porte » les autres dimensions qui constituent notre Réel. Nous remarquons facilement que ce Réel n'existe pas devant la vague. Nous nous en doutions bien, le futur n'existe pas. Ni dans la dimension Temps, ni dans aucune dimension. C'est bien normal, car notre Cosmos, et tous les autres, ne sont pas des continuums. Il n'y a pas une route toute tracée sur laquelle s'écoulerait un Temps prédéfini…

C'est le point le plus simple, devant la vague du Temps et les dimensions du Réel, il n'existe rien.

En dehors des aspects prospectifs, parler du futur n'a aucun sens.

Si, comme dans un film de fantastique nous « allions » dans le futur nous ne trouverions rien, rien et encore rien… physiquement, le futur, au-delà de la Vague du Temps, n'existe pas, c'est un néant…

No Past

Il en est de même du Passé. Là encore, le mythe du continuum Espace-Temps a fait des ravages dans nos imaginaires. Nos sens et notre intellect sont trompés par cette fausse idée de continuité du Temps. Nous voyons un vestige historique du passé et nous pensons que le Temps est un continuum. Alors que les vestiges que nous voyons ne sont rien d'autre que le temps présent. Ce temps est de nature discrète, c'est-à-dire qu'il est composé de petites unités distinctes, comme les pixels d'une photo, en nous donnant l'impression que l'image est uniforme…

Cependant, il est vrai que les données du passé sont contenues dans le Meta-cerveau BB, mais il n'est pas possible physiquement de retourner dans le passé, comme dans un film de fantastique pour la bonne raison, qu'après la vague du Temps, il n'y a rien non plus !

Là encore, parler physiquement du Passé, après l'émergence des dimensions de la Vague du Temps, n'a pas de sens, car « aller » dans le Passé, serait juste tomber dans du néant…

Ainsi, avant et après la vague du temps qui « porte » les autres dimensions qui constituent notre Réel, il n'y a rien, rien que le néant d'un substrat non local.

La vague du Temps emporte les dimensions du Réel.

C'est donc pourquoi la question de « L'épaisseur du Temps » est importante.

Le calcul de « L'épaisseur du Temps »

Comme nous l'évoquerons plus loin, les voyages dans les autres cosmos se font par le basculement de tous les axes de la machine. Cela nécessite probablement d'avoir un plan dimensionnel commun avec le cosmos cible, d'avoir divers référentiels entre les 2 cosmos. Notamment lorsque les cosmos n'ont pas le même Temps. Dans ce cas la machine devra conserver son Temps de référence terrestre. Nous savons que celui-ci doit-être calculé à 10^{-9} seconde pour calculer un retour sur Terre de la machine dans notre vague de Temps, pour revenir au milieu de la vague du Temps de notre cosmos.

Par le fait, une précision inférieure à 10^{-9} seconde enverraient le vaisseau dans du Rien. Il resterait bloqué dans sa bulle temporelle, en dehors de la Vague du Temps. C'est donc ce qui se passe pour une précision de 10^{-8} seconde, nous sommes hors de la Vague du Temps.

Il y a donc un écart de 10×10^{-9} seconde pour rester au milieu de la Vague du Temps. L'écart sera le même de chaque côté, donc un écart total de 20×10^{-9} secondes.

Sachant que la vitesse de la lumière est de 0,3 x 10 $^{+9}$, l'épaisseur de la Vague du Temps est de 20 x 0,3 = 6 mètres.

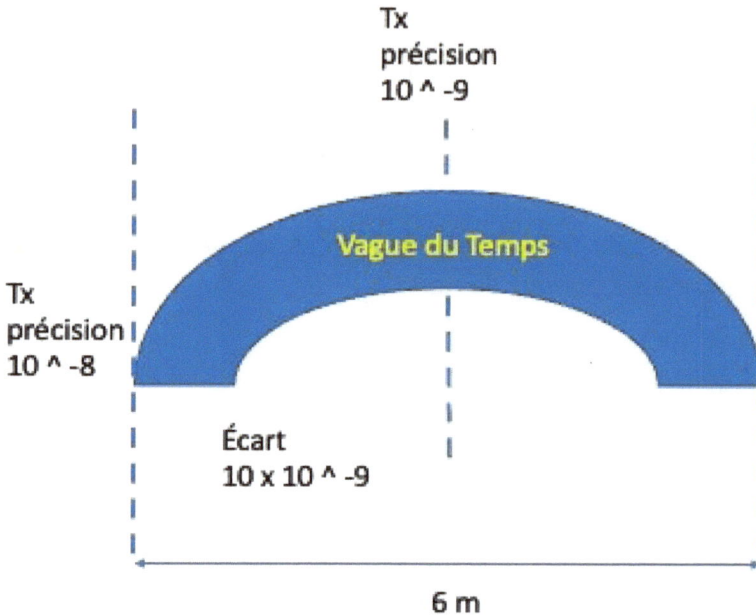

Les masses et masses imaginaires

Contrairement à ce que nous pensons communément, les masses ne sont pas strictement liées aux volumes. C'est seulement lorsque ces masses émergeront dans des volumes que des forces pourront alors s'exercer sur elles.

C'est le cas de la gravitation, qui en s'exerçant sur des masses dans des volumes créera un poids. La masse classique +M se manifeste comme une espèce de creux à travers une quatrième dimension vectorielle, et une masse classique — M se manifesterait par une bosse dans cette même dimension vectorielle.

Si un espacio tridimensional lo curvamos, arrugamos, o hacemos

Mais il y a des masses sans volume, inconnues de la physique terrestre du XXIème siècle, appelées par nos amis d'UMMO, des masses imaginaires.

Si les univers adjacents n'existaient pas et s'il n'y avait pas plus que deux types de masse (et non quatre) qui perturberaient cette hypermasse en la déséquilibrant, ceci serait le stade final du cosmos décrit. (D41-15)

Si nous courbons un espace tridimensionnel, si nous le plions, ou si nous faisons une espèce de creux (voir figure 2) à travers une quatrième dimension, cette courbure représente ce que nos organes sensoriels interprètent comme une masse (une pierre, une planète, une galaxie).

Les masses imaginaires n'ont pas de dimensions spatiales. Elles ne déformeraient donc pas les dimensions spatiales et elles ne seraient pas perceptibles par nos sens.

Les forces gravitationnelles produites par les masses — M et très marginalement +M de l'anticosmos, sont transmises aux masses imaginaires de la couche XOODII. Et les masses imaginaires transmettent ces forces gravitationnelles dans notre cosmos.

Les 2 types de masses imaginaires $+ \sqrt{-M}$ et $- \sqrt{-M}$ constituent la XOODII (couche relais cosmos et anticosmos).

'... Les singularités de l'un d'eux (masses $\pm \sqrt{-M}$ concentrées) influencent les univers [cosmos] adjacents (sans masse $\pm \sqrt{-M}$)... Les perturbations entre cosmos sont produites parce que dans l'un d'entre-eux se trouve un type de masse que vous qualifieriez mathématiquement d'IMAGINAIRE (dans un autre cadre du faisceau tridimensionnel).

Cette masse imaginaire a comme vitesse au repos (énergie maximale) la vitesse d'un paquet d'énergie électromagnétique (photon) $\pm \sqrt{-M}$. L'existence de

```
cette masse permet l'interaction ou action mutuelle
entre les cosmos... (D731).
```

La matière noire

Dans certaines zones de notre cosmos des effets gravitationnels importants et mystérieux ont été mesurés. Ces effets gravitationnels sont équivalents à une masse qui représenterait 90 % de la masse connue du cosmos. Mais, impossible de détecter l'existence de cette énorme quantité de matière invisible. Ainsi naît l'hypothèse d'une matière noire invisible dont seuls les effets gravitationnels sont détectés.

A partir du modèle cosmologique oummain, nous pouvons penser que cette matière noire serait l'effet gravitationnel de certains amas de matière de masse — M de l'anticosmos sur le cosmos. L'effet gravitationnel de ces amas de matière de masse — M serait transmis à travers les masses imaginaires de la couche XOODII.

Cette représentation 3D de la matière noire suivant la mesure de ses effets gravitationnels, serait *in fine,* la représentation des masses — M et marginalement +M de l'anticosmos UWAAM, dont l'effet gravitationnel est relayé par la couche relais XOODII. *(Représentation 3D Richard Massey)*

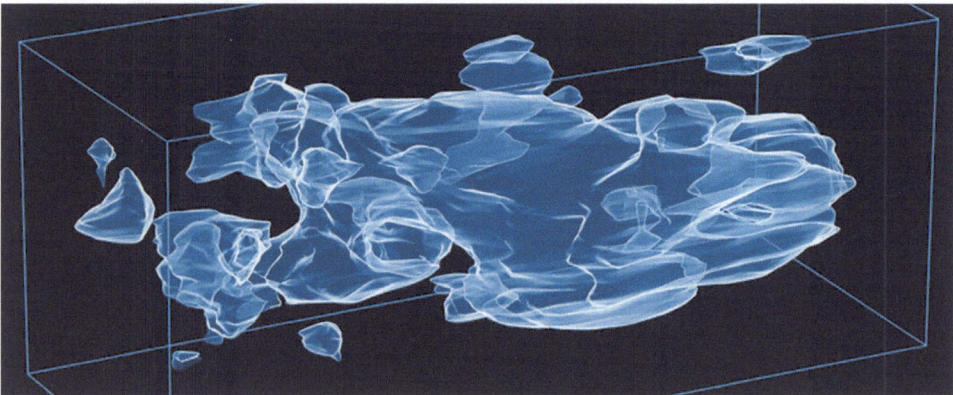

L'énergie noire

Nous pouvons penser, que les mouvements des énormes masses d'anti-matière de l'anticosmos ont un effet gravitationnel sur notre cosmos via la XOODII, ce qui a pour effet global d'accélérer ou ralentir la vitesse d'expansion de notre Cosmos.

L'énergie noire doit alors être comprise comme étant de l'énergie transmise via la XOODII. C'est probablement cet effet qui a aussi été interprété comme *l'énergie du vide quantique.*

LE BASCULEMENT DES AXES ANGULAIRES

Le principe général du basculement d'un axe angulaire consiste à changer l'orientation de l'ensemble des IBOSDSOO d'un axe donné, dénommé OAWOO. Autrement dit, il s'agit d'une permutation des groupes de jauge. L'utilisation de ce principe dans les vols intersidéraux est décrite synthétiquement dans *Présence, Ovnis, Crop Circles et Exocivilisations.*

A priori, il y a une infinité d'axes OAWOO et donc une infinité de types de basculements possibles... Nous pouvons supposer de multiples cas :

- Le basculement d'axes en restant dans notre cadre tridimensionnel

- Le basculement d'axes en restant dans notre cosmos

- Le basculement d'axes en changeant de cosmos

- Le basculement d'axes dans l'anti-cosmos

```
D68 La matière soumise à des pressions à peine
supérieures perd sa structure atomique, comme
vous le savez déjà. Une pression de 16 millions
d'atmosphères (15 445 680 atmosphères), appelée par
nous AADAGIOOU (pouvant se traduire par PRESSION
CRITIQUE), inverse simultanément toutes les subpar-
ticules atomiques (IBOZOO UU). La masse se trans-
forme INTÉGRALEMENT EN ÉNERGIE. L'EXPANSION qui en
découle ensuite est incommensurable (Celle-ci fut
la pression initiale de toute la masse de l'Uni-
vers).

NR22 Lorsque nous voyageons au sein de nos spatio-
nefs dans un autre cadre dimensionnel, la liaison
télépathique avec OUMMO reste possible si nous ne
```

changeons pas de référentiel temporel, la modification angulaire des sous particules — OAWOOLEIIDAA
— se faisant alors axialement à la dimension temps
par une transformation équivalente de l'orientation des trois composantes spatiales et de trois
composantes associées à la masse.

Le basculement d'axes dans notre cadre tridimensionnel

Le basculement d'axes dans notre cadre tridimensionnel peut avoir
différents effets selon les axes qui sont basculés. Nous verrons divers
exemples de ces effets sur les volumes et les masses dans le chapitre
la communication avec les esprits qui traite des phénomènes paranormaux.

Dans notre cadre dimensionnel, il s'agit souvent de cas de basculements partiels des axes OAWOO. En particulier, des axes des masses
— M, √ — M et √ +M qui sont partiellement basculés. L'angle de basculement étant probablement inférieur à 90 ° dans ces cas.

L'axe de la masse +M et les axes spatiaux des volumes restant
invariants, positionnés dans notre cadre dimensionnel.

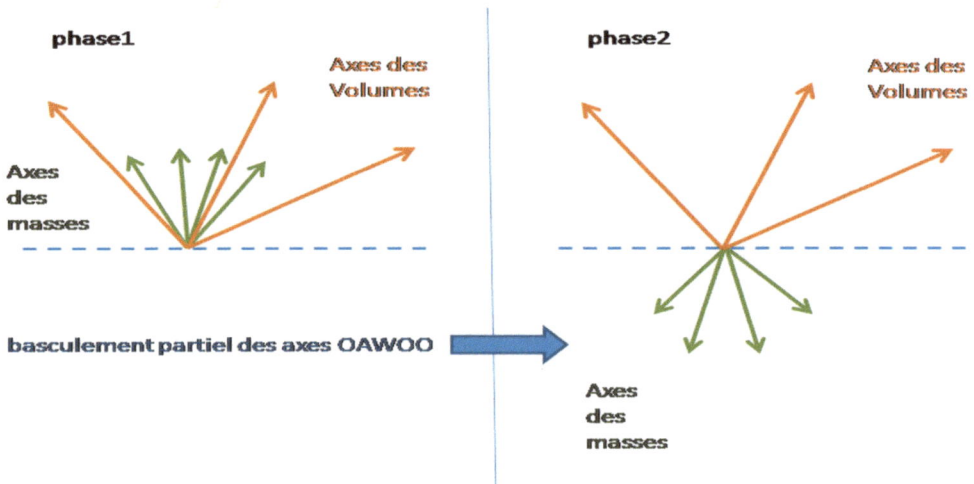

phase1 · Axes des Volumes · Axes des masses · basculement partiel des axes OAWOO

phase2 · Axes des Volumes · Axes des masses

Ce type de basculements partiels des axes OAWOO est décrit dans *Présence, Ovnis, Crop Circles et Exocivilisations* avec l'exemple du SEG (Searl-Effect-Generator) un appareil capable de léviter, mais sans changer de cadre tridimensionnel. Dans le cas de l'Effet SEARL une différence de potentiel électrostatique supérieur à 1,4 millions de volts par cm linéaire provoque un effet LEIYO de perte de masse partielle, mais reste dans le cadre tridimensionnel courant. Nous pouvons imaginer que les axes OAWOO des masses subissent une torsion partielle qui reste inférieure à 90 °. Le basculement total des OAWOO des masses se traduirait par une nette transparence de l'engin entièrement démassifié.

Le basculement d'axes dans notre cosmos

Ce type de basculements est aussi décrit dans *Présence, Ovnis, Crop Circles et Exocivilisations* et nous l'avons dénommé invagination spatiale. Il explique comment un Ovni peut réaliser un pseudo-changement de direction à angle droit à très grande vitesse.

Ce changement d'axes produit un changement de cadre tridimensionnel avec basculement des axes des volumes et des masses – M, $\sqrt{} - M$ et $\sqrt{} + M$. A aucun moment la masse +M n'est convertie en masse négative — M. L'axe de la masse +M et le temps restent invariants.

Dans ce cas, l'engin ne change pas de cosmos, mais seulement de cadre tridimensionnel.

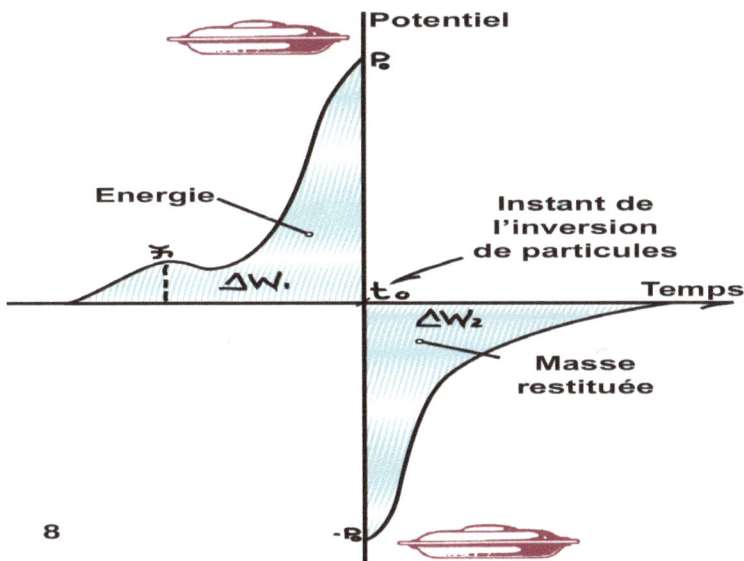

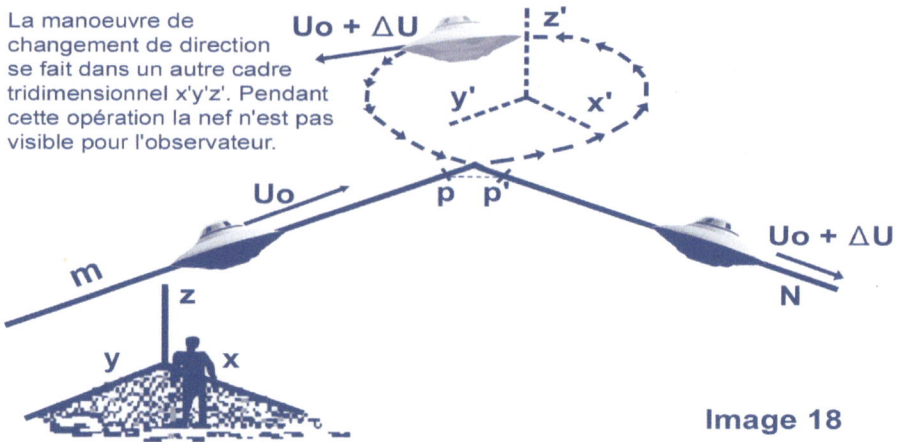

La manoeuvre de changement de direction se fait dans un autre cadre tridimensionnel x'y'z'. Pendant cette opération la nef n'est pas visible pour l'observateur.

Image 18

Les engins sont munis d'un dispositif dit d'inversion de particules, ou plus exactement de pivotement d'axes dimensionnels OAWOO, dénommé OAWOLEIIDA qui concerne uniquement une transformation d'un réseau d'IBOSDSOO UU **limitée à l'inversion des axes tridimensionnels** des IBOSDSOO UU.

Le mot OAWOLE peut être traduit par *Le déplacement [suivant la dimension-angulaire] génère le passage des entités [dimensionnelles] d'un milieu physique à un autre.* En d'autres termes une rotation de 90 ° de l'orientation axiale de la dimension angulaire du cadre dimensionnel. Le mot IIDA peut être traduit par *Délimite le déplacement angulaire.*

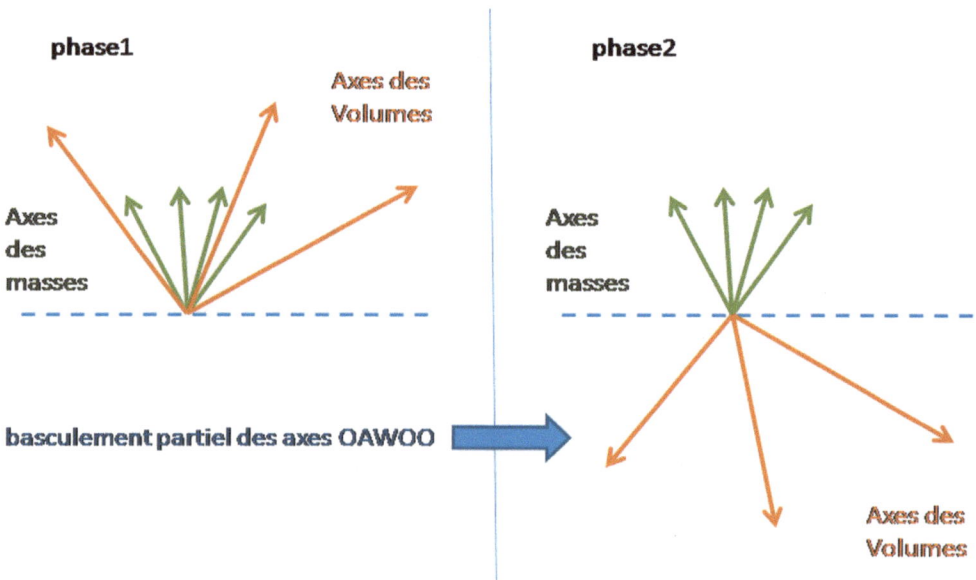

En résumé, OAWOLEIIDA est Le déplacement suivant la dimension-angulaire qui génère le passage des entités dimensionnelles par la substitution d'une position angulaire par une autre et a une délimitation du déplacement angulaire.

En termes synthétiques la rotation de l'axe est délimitée par un angle

(voir aussi *Présence 2, Le langage et le mystère de la planète UMMO révélé*).

Le basculement d'axes en changeant de cosmos

```
D 731 Bien que dans quelques Univers [cosmos]…
Dans tous les WAAM [cosmos]...
```

Nous pouvons imaginer qu'en modifiant les X axes dimensionnels OAWOO d'un objet, l'on puisse le faire passer dans le cadre dimensionnel d'un autre cosmos, parmi l'infinité des cosmos de l'Univers. C'est ce que nous appelons transfert hyperspatial dans *Présence, Ovnis, Crop Circles et Exocivilisations*.

Dans ce cas, si l'axe temporel est modifié, autrement dit si le temps dans le cosmos cible n'est pas le même que dans notre cosmos, cela entraîne la perte des communications télépathiques, par manque de synchronisme...

Le basculement d'axes dans l'anti-cosmos

```
NR22 Nous nous projetons parfois temporairement
dans OUWAAM en inversant, par rotation de pi
radians, tous les angles dimensionnels des sous-
particules.
```

Dans ce cas, tous les axes sont basculés, y compris le temps. L'anti-cosmos étant de masse dominante — M, il sera nécessaire d'inverser aussi la charge des Masses courantes +M en — M.

Le cas des trous noirs

L'effondrement gravitationnel des étoiles neutroniques accumule une énergie critique qui se cumule au collapse gravitationnel de la masse.

Globalement, l'objet s'effondre et perce la XOODII pour réapparaître dans l'anticosmos avec une masse négative. Le produit du basculement de son énergie restant prisonnier dans la XOODII sous forme de masse imaginaire. Dans ce cas, toute la masse M devient — M dans l'autre cosmos. L'énergie se convertit en $\sqrt{-M}$, qui est la masse imaginaire dans l'autre cosmos.

H2 UMMO : - En réalité le Trou Noir est impossible, parce que quand une étoile collapse, arrive un moment où elle se convertit en étoile neutronique. Si elle continue à collapser, arrive un moment où elle disparaît de notre univers par effet frontière.

Le trou noir cesse d'exister et l'univers réduit sa masse de la masse de l'étoile collapsée.

Ce que vous considérez comme des trous noirs sont en réalité des étoiles neutroniques et non des authentiques trous noirs. Par exemple, une des premières étoiles neutroniques est dans la constellation du Cygne à 8 365 années-lumière. En réalité c'est une étoile neutronique, pas un trou noir. Le rayon de Schwarzschild apparaissait et disparaissait instantanément. C'est instantané. En cet instant la masse du trou noir s'est convertie en masse NEGATIVE dans l'autre univers. La masse a disparu, entendue comme masse négative, masse avec une charge négative c'est-à-dire charge électrique différente. Et l'énergie du trou noir s'est convertie en masse.

H7 UMMO : Ce que vous appelez trous noirs, ce sont des étoiles de neutrons. Un effet frontière se produit. Toute la masse M devient — M dans l'autre univers. L'énergie se convertit en racine carrée de — M, qui est la masse imaginaire dans l'autre univers.

Par exemple, suivant la formule du rayon de Schwarzschild il faudrait que le soleil ait un rayon de 3 km pour qu'il devienne un trou noir et la Terre devrait avoir un rayon de 9 mm pour faire de même. Les trous noirs n'existent pas vraiment en soi, cela signifie que ce sont simplement des étoiles neutroniques supermassives qui occupent le cœur des galaxies.

Nous pouvons imaginer que les étoiles neutroniques supermassives peuvent être utilisées par des engins intersidéraux avec un changement de cadre dimensionnel. Ceci pour bénéficier de certains effets accélérateurs de déplacement, en profitant d'un courant d'air gravitationnel, dans le cadre dimensionnel basculé pour ne pas risquer l'absorption par l'étoile neutronique supermassive...

LA LOGIQUE TÉTRAVALENTE

Les Oummains utilisent une logique Tétravalente liée à l'ontologie, à la cosmologie, aux concepts phonétiques primaires et au langage lui-même. La compréhension de cette logique nous permet d'approfondir et préciser l'ontologie des entités cosmologiques que nous avons décrites.

Voici le résumé des quatre valeurs de cette logique Tétravalente. (voir le détail dans *Présence 2, Le langage et le mystère de la planète UMMO révélés)*

LA PREMIÈRE VALEUR DE LA TÉTRAVALENCE

Ainsi, nous considérerons que l'interprétation de nos yeux, nos oreilles et de notre cerveau du monde physique 4D est ce qui est communément appelé réel. Cela peut être une pierre, une voiture, un être vivant, un virus, etc. C'est ce que les Oummains appellent AIOYAA et qu'ils associent à la valeur logique de VRAI.

Le mot AIOOYAA

Le concept primaire A est relatif au *déplacement* infinitésimal des angles-IOAWOO de chaque IBOZOO, car c'est ce qui fonde la physique oummaine. Les concepts primaires AI peuvent être traduits par le concept d'action.

Il y a une valeur de vérité positive pour AIOOYAA lorsqu'un réseau d'IBOZOO multi-dimensionnel manifeste 4 de ces dimensions angulaires. Toute chose dimensionnée angulairement dans un espace-temps est caractérisée par le déplacement infinitésimal des angles-IOAWOO de chaque IBOZOO chaîné dans chacune des dimensions angulaires. S'il n'y a pas IOAWOO dans un espace dimensionné angulairement, il n'y a pas d'existence vérifiable. La limite de ce qui est vérifiable dans un espace dimensionné est l'angle ultime IOAWOO qui identifie le lien entre deux IBOZOO d'une chaîne, suivant un axe OAWOO :

- ⊠ Le déplacement identifie une matérialité qui a une spatialité dynamique
- ⊠ Le déplacement angulaire identifie une matérialité spatialisée

L'angle infinitésimal IOAWOO identifie la matérialité des choses (4 dimensions angulaires spatialisées, temporelles) parmi 10 D. Autrement dit, il s'agit de : *l'action d'identifier les choses matérialisées dans l'espace-temps* à 4 dimensions angulaires spatialisées et temporelles parmi 10 D.

La cosmo-physique

Les documents expriment le concept de vérité dans notre cosmos 3 D à ce qui est dimensionnel avec des caractéristiques de temps et d'espace.

D105 : le réseau d'I.U. que constitue le AIOYAA [...] depuis diverses perspectives.

D59-1 : un UXGIIGIIAM (ESPACE) pluridimensionnel qui subit dans sa structure des courbures multiples (que nous appelons masses), ne ressemble en rien au concept D'ESPACE TRIDIMENSIONNEL EUCLIDIEN.

D41 : dimensionnel (avec des caractéristiques de temps et d'espace)

Sommairement, AIOOYAA est ce qui peut se manifester dans espace-temps d'Einstein-Minkowski. Autrement dit, AIOOYAA est le réseau d'IBOZOO de 4D-angulaires (un UXGIGIIAM WAAM) qui se manifestent parmi 10D-angulaires.

LA DEUXIÈME VALEUR DE LA TÉTRAVALENCE

Maintenant, supposons que je parle d'une pierre qui serait dans ma main. La pierre dont je parle existe (AIOYAA). Mais en fait, il n'y pas de pierre dans ma main. C'est ce que les Oummains appellent AIOYAA EDDO et qu'ils associent à la valeur logique de FAUX.

Le mot AÏOOYEEDOO

Le phonème *édo* exprime le concept d'absence — *rien* — *faux*. Nous avons par exemple YAEYUEYEDOO (amnésie de fixation), comme il n'y a pas de négation dans la langue des oummains, nous avons là les concepts : absence de mémoire. Pour ASNEIIBIAEDOO (Absorption par le B.B. ou disparition), nous avons aussi clairement le concept de *rien — faux*. Ou encore EDDOIBOOI (sans travail défini). Et, *au* rien *nous assignons un verbe qui n'a pas de signification pour vous;* AIOYAYEDOO concaténation du concept AIOOYAA (ce qui est dimensionnel) et *rien — faux*. C'est-à-dire, globalement, l'expression de quelque chose de faux ou absent.

AIOOYEEDOO = Le déplacement identifie une matérialité qui a une spatialité qui conceptualise la forme matérielle.

Nous avons donc : Action de matérialiser les choses dans un espace qui conceptualise ce qui manque (et qui est donc invérifiable). Autrement dit, l'*Action de conceptualiser l'absence des choses dans l'espace-temps.*

La cosmo-physique et les concepts primaires

Il y a une valeur de vérité positive pour AIOOYAA lorsqu'un réseau d'IBOZOO multidimensionnel manifeste 4 de ces dimensions angulaires. A l'inverse, AÏOOYEEDOO est l'absence de manifestation de ces 4 dimensions angulaires.

LA TROISIÈME VALEUR DE LA TÉTRAVALENCE

La 3e valeur est une valeur conditionnelle. Dans certains cas le résultat est VRAI et dans d'autres cas le résultat est FAUX. Par exemple, un phénomène quantique comme la position d'un électron est purement statistique. Parfois, l'électron est là, parfois non. C'est ce que les Oummains appellent AIOYAU et qu'ils associent à cette valeur d'existence conditionnelle.

Le mot AIOOYAU

Nous comprenons à partir du mot AIOOYAA, que l'Action de matérialiser les choses dans l'espace-temps est dépendante, autrement dit conditionnelle ou indéterminée. Le mot a — i — oyaou traduit l'idée de vérité indéterminable ou conditionnelle.

```
... une réalité phénoménologique potentielle ou
partiellement indéterminée (A ∩ B).
```

Cet état AÏOOYAOU [mot en orthographe française] est bien résumé dans le paradoxe imaginé par votre penseur Schrödinger qui conduit à la déduction de deux états potentiels contradictoires superposés dus à la nature quantique des phénomènes mis en œuvre dans l'expérience.

La cosmo-physique

Les entités qui ont une manifestation quantique ont une *réalité* conditionnelle ou indéterminée, en fonction de leur observation même. Cette manifestation cosmo-physique de la matière serait due un déplacement angulaire sur l'axe OAWOO qui se produit suivant la statistique quantique. Ces entités ont une matérialité conditionnée à une valeur statistique, leur matérialité est indéterminable.

LA QUATRIÈME VALEUR DE LA TÉTRAVALENCE

La dernière valeur est très importante pour nous au quotidien. Les sentiments, les émotions, nos interprétations du monde physique 4D, existent dans notre tête en dehors du monde physique 4 D. Cette existence est VRAI, mais seulement pour NOUS, en dehors du monde physique 4D, c'est le VRAI de nos interprétations du monde physique 4D, nos sentiments, nos émotions… Personne d'autre que moi ne sait ce que je ressens ou ce que j'interprète. Suivant les documents oummains toutes les informations neurologiques du cerveau sont aussi stockées simultanément dans un réceptacle cosmologique que nous appelons usuellement notre âme. Et chaque âme, que les Oummains appellent BUAWA, permet de stocker et produire, les émotions, les pensées, qui sont transformées dans notre cerveau pour s'adapter à notre environnement. C'est ce que les Oummains appellent AIOYAA AMMIE et qu'ils associent à cette valeur d'existence en dehors du monde physique 4 D.

Le mot AMMIÈ

Dans la culture des Oummains, un concept abstrait, un sentiment ou l'âme, existent hors de notre cosmos, mais *n'existe pas* du point de vue de notre cosmos 4 D. Autrement formulé, le concept exprime : *la non-existence dans notre cosmos 4D, mais une existence dans une autre entité cosmologique.*

En premier lieu nous distinguons entre deux classes d'ÊTRES existants dans le UAANM (COSMOS) en opposition à deux autres grands genres DE CHOSES (SERES) NON EXISTANTES.

Ces derniers sont : AIOYAA AMMEIEE UAA [Tels que WOAA (Le Générateur !), BUAUAA (Esprit Humain), BUAWEE BEIAEII (Esprit Collectif) ou BUAUAA BAAIOO (Esprit De L'Être Vivant)] et AIOYAA AMEIEE OUEE (Tels que le contenu d'une information, la sensation du plaisir, ou une tradition populaire).

vrai hors du WAAM [notre cosmos]

AÏOOYA AMMIÈ (¬B ∩ ¬A), invérifiable hors d'un champ de conscience individuel ou collectif.

Dans AÏOOYA AMMIÈ, le mot AMMIE s'applique au concept AIOOYAA.

Autrement dit, AMMIE s'applique au concept du réel 4D, matériel de notre cosmos. Dans le mot AMMIE, le concept primaire de *déplacement (A)* s'applique de manière indissociable à l'identification d'un concept (IE) qui est AIOOYAA lui-même dans ce cas.

La traduction de AMMIE est :

- ☒ *Déplacement indissociable de l'identification du concept*
- ☒ Déplacement [hors de notre cosmos] indissociable de l'identification du concept [*le concept AIOOYAA lui-même dans ce cas*]

La cosmo-physique et les concepts primaires

Les concepts primaires E - Concept et EE - modèle sont liés à la cosmo-physique. Les Oummains parlent de deux autres grands genres *de choses* (seres) *non existantes*, pour lesquels les valeurs tétravalentes et les concepts primaires suivants :

- ☒ Le concept primaire E — concept peut-être associé à n'importe quel concept et en particulier aux concepts suivants : AIOYAA AMMEIEE UAA désignant des entités cosmologiques qui *existent en dehors de notre cosmos*. Telles que : WOAA (le générateur !), BUAUAA (esprit humain), BUAWEE BEIAEII (esprit collectif) ou BUAUAA BAAIOO (esprit de l'être vivant). Ces entités cosmologiques ne sont pas associables au concept primaire O des entités multidimensionnelles 10D de notre cosmos qui incluent des caractéristiques de temps et d'espace. Ces entités n'ont pas de temps et peuvent être vues par nous comme des concepts.

⊠ Le concept primaire EE — modèle peut-être associé à la valeur tétra-valente AIOYAA AMEIEE OUEE (tels que le contenu d'une information, la sensation du plaisir, ou une tradition populaire). Ces entités étant liées à des modèles dans le cosmos BUAWEE BEIAEII (esprit collectif) désigné sous le terme de BB.

EXTRAITS DE TEXTES DE COSMOBIOPHYSIQUE

Les Oummains conçoivent l'univers comme un être conscient de tout. Cette forme de Théocosmologie s'appuie sur une science nommée Cosmobiophysique. Ainsi de leur point de vue, leur spiritualité ou pensée religieuse est fondée scientifiquement dans tous ses aspects. Nous avons sélectionné les extraits de leurs textes qui traduisent au mieux ces idées...

Il est certain qu'à une période reculée de l'histoire, UMMOWOA (un prophète tel le Christ) est apparu parmi les habitants de UMMO entouré d'une auréole mystique. WOOAYII UMMOWOA pourrait se traduire par quelque chose comme UMMOWOA divin, bien qu'il ne se soit pas développé une religion institutionnalisée autour de son souvenir comme cela s'est produit sur OYAGAA (astre Terre).

La Cosmobiophysique moderne, jette suffisamment de lumière sur ce phénomène grandiose qui se fonde sur des lois cosmologiques pointues. Les connotations émotionnelles et l'interprétation biophysique de cet événement sont très loin de la notion que vous avez élaborée sur le fait historique de la naissance de Jésus (qui, comme nous vous l'expliquerons, est semblable à celui de UMMOWOA).

Pour vous, la figure de Jésus est divine et entourée de connotations mystico-religieuses. Il s'agirait d'un fait surnaturel, théologique et, dans ce contexte, il est explicable que s'instaure une Eglise. De notre point de vue l'incarnation d'un OEMMIIWOA (Christ) s'inscrit dans un cadre scientifico-biologique, explicable quand on a une conception holistique du WAAM WAAM (cosmos). Qu au cours de l'évolution biologique, surgisse un OEMMIIWOA est aussi logique et nécessaire qu'une roche soit attirée par un astre à cause de la gravité.

C'est pour cela que, pour un esprit religieux de la Terre, la notion d'un OEMMIWOA le laissera froid, le désenchantera et, peut-être, le décevra, entre autres aspects, parce que l'image de WOA que nous autres acceptons n'a rien à voir avec la notion théologique que beaucoup de religions de la Terre ont forgé autour d'un type anthropomorphe sur le plan mental, paternel, qui punit et récompense, supra-intelligent et créateur.

Pour nous, par contre, toutes vos idées se situent dans le domaine des mythes, qui s'expliquent dans le cadre de l'évolution historique de votre réseau social terrestre. A partir d'un fait réel, interprété comme étant de nature miraculeuse, s'est développé un traité doctrinal qui donna forme à une nouvelle religion, le Christianisme, et l'édification d'Eglises variées selon les interprétations distinctes, du message déformé de cet OEMMIWOA.

Notre conception cosmologique est fondée sur des bases scientifiques solides. Nous savons que nous sommes immergés dans un WAAM-WAAM (bicosmos) et que les flux d'informations qui rendent possible toute sa richesse configurative procèdent de deux pôles ou centres. L'un d'entre eux est générateur d'informations par antonomase (résonnance). Toutes les configurations possibles de la matière, toutes les possibilités de l'ÊTRE, c'est-à-dire toutes les modalités que vous pourriez concevoir de l'existence perceptible et non perceptible par nos sens et autres organes sensibles imaginables, tirent leur origine de ce pôle.

Toutes les formes imaginables ne sont cependant pas toutes possibles pour des êtres réels. Par exemple, notre cerveau peut imaginer un OEMII ou être humain de la taille d'un millimètre, mais une telle entité biologique ne serait pas possible. N'oubliez pas qu'une réduction linéaire de 1/103 (un millième) se traduirait en volume d'organes internes à 1/109. La réduction du métabolisme biochimique serait ainsi proportionnelle à la masse. D'autre part, on observe que les molécules chimiques ne pourraient se réduire dans les mêmes proportions de façon à ce qu'une cellule de cet homme hypothétique ne pourrait abriter l'architecture complexe qui s'observe dans nos cellules. Pour de semblables raisons, il serait inconcevable d'avoir des insectes sur OYAGAA avec des dimensions atteignant des douzaines de mètres, ou une étoile composée exclusivement de chaînes protéïniques. Les formes possibles de l'être doivent donc être cohérentes avec le corpus de lois physicobiolo-

giques qui régissent le WAAM-WAAM (le bicosmos). Ce
pôle ou matrice cosmique d'informations rendra possible, par transfert générateur toute la configuration
des univers multiples. Sans son existence, le cosmos
serait comme un gigantesque cristal de configuration
isotrope, amorphe, dépourvu de configurations ou singularités et donc dépourvu d'informations. (Le terme
cristal, nous l'utilisons non pas comme synonyme d'architecture géométrique d'atomes ordonnés, corps qui
ne serait pas isotrope, mais pour désigner une chaîne
infinie d'IBOZSOO-UU en complet désordre, dans lequel
la transmission de la lumière n'est pas possible et
l'entropie infinie).

Le centre cosmogonique codificateur de ces configurations possibles, nous l'appelons WOA. WOA coexiste
avec AIODII, c'est à dire, avec la réalité formée.
L'un configure, l'autre modèle [fabrique]. Mais il nous
importe que vous identifiiez notre version à une quelconque conception de DIEU. Un examen superficiel des
deux notions peut accepter ce parallélisme. WOA =
Générateur équivaudrait à DIEU = Créateur tel que vos
théologiens le conçoivent.

Mais l'image de Dieu est assez différente dans
le contexte des religions de la Terre qui le présentent comme un être anthropomorphe, d'infinie bonté,
être pensant par excellence, parfait, père de ses
créatures. Qui plus est, son existence suprême apparaît comme ayant été révélée à vos prophètes dans un
contexte religieux et pieux.

Cela vous intéressera de savoir que notre idée de
WOA a été induite par voie scientifique, et non par
voie théologique. Il est certain que son existence
fut proclamée par UMMOWOA dans un cadre historique
où la science ne pouvait être connue de lui. Mais
pour nous, un concept révélé manque de valeur proba-
toire. La société d'UMMO n'est pas aussi sensible émo-
tionnellement que le réseau social de la Terre. Une
religion, dans le sens que vous octroyez à ce terme
(Union de l'être humain à son Dieu, comportant foi et
obéissance à ses lois et doctrines) ne pourrait pas
se forger en son sein. Quant à nous, nous ne voyons
pas en WOA un père, ni ne concevons que l'on puisse
respecter ou accepter un concept quelconque par voie
de la foi. Seules la raison et la preuve scientifique
permettent de forger le corpus de notre doctrine.
(Remarquez que mes frères fidèles à ce principe, ont

toujours insisté pour que vous ne croyiez pas à notre identité d'OEMMII voyageurs, en provenance de UMMO. Il en est ainsi, parce que nous partons du principe que l'on ne doit pas accepter dans l'absolu ce qui n'est pas prouvé).

Si nous arrivons à accepter avec le temps la parole de UMMOWOA, c'est parce que l'évolution de notre cosmogonie nous permet d'accepter la fiabilité de l'origine de sa doctrine. UMMOWOA, tout comme Jésus, n'a pas prétendu fonder une Église ou une religion.

Ce qui s'est produit sur les deux planètes distinctes est que UMMOWOA naquit dans une société avancée dans laquelle la rigueur historique ne permet pas la création de mythes, et Jésus de la Terre, naquit à une époque dans laquelle le langage était métaphorique, la science n'existait pas, les idées dominantes étaient irrationnelles et fortement imprégnées de conceptions magiques. Ainsi, s'explique que son message se soit altéré, bien que des éléments essentiels aient survécus et que sa figure historique souffre d'énormes distorsions.

Pour comprendre tout ceci, il faut que nous continuions à nuancer notre propos en ce qui concerne le concept de WOA. WOA est source d'information cosmique. Mais, toute information est dépourvue de sens sans support matériel ou énergétique. D'où la symbiose entre WOA et le WAAM de masse infinie. WOA transforme en réalité cette information dans le sein de ce WAAM.

WOA établit aussi une relation de syntonie avec ces structures que nous appelons cerveau humain, mais seulement dans des circonstances très spéciales. Quel est le fondement scientifique de cette relation ? Vous comprendrez que dans le contexte de ces pages de divulgation, il soit quasiment impossible d'exposer le modèle mathématique très complexe sur lequel il se base. Nous emploierons donc la métaphore ou l'image. WOA entre en résonance avec le WAAM du BUAWA BIAEII (univers qui codifie toute l'information), par un effet semblable à celui que vous connaissez en physique sous le nom de résonance. (Si vous placez à une certaine distance deux cordes de violon et faites vibrer l'une d'elles, la propagation des ondes de pression interagit sur la seconde et la fait osciller [self-induction]. Un effet analogue se manifeste entre deux circuits pourvus d'une inductance et d'une capacité électrique).

Ce centre universel d'information pure que représente WOA, vous pouvez vous l'imaginer comme de gigantesques archives où vous pourriez trouver mathématiquement codifiées, depuis la configuration d'une plante végétale, la résolution d'un système d'équations différentielles ou la structure d'un édifice et d'un matériel générateur de lumière cohérente (laser) et, nous le répétons, n'importe quelle entité ou être possible dans l'univers multiple.

WOA coexiste depuis l'éternité avec le WAAM B.B. véritable cerveau du multicosmos qu'il module grâce à cet effet particulier de résonance. Mais on observe qu'en réalité, il ne transfère pas toute l'information en une seule fois. Le multicosmos est comme un grand organisme cybernétique qui se corrige lui-même.

Au sein des univers distincts, grâce à un courant néguentropique, naît la vie fondée sur la complexité biomoléculaire. Ces organismes vivants qui peuplent une multitude d'astres froids (souvenez-vous qu'un astre froid n'a pas forcément une origine planétaire, mais quelques fois provient de vieilles étoiles qui se sont refroidies et qui conservent même une certaine chaleur interne) continuent à se perfectionner en complexité ; en structures dont la densité d'information accumulée dans l'espace est croissante. Il s'agit des systèmes nerveux. L'aboutissement de cette complexité est le cerveau humain. Son architecture est donc suffisamment complexe pour que celui-ci accomplisse un saut qualitatif, se mette en contact avec son BUAWWA et s'enrichisse au maximum par sa connexion au B.B. (BUAWAA BIAEII) ou conscience collective engrangée dans ce grand cerveau de l'univers, le WAAM B.B.)

Remarquez que ce grand système dont l'architecture est intégrée par le CERVEAU-BUAWA-B.B. prend soudainement conscience de l'univers qui l'entoure. Il est comme un capteur de B.B. qui capte les configurations de son cosmos à savoir, les galaxies, les étoiles, les montagnes, les animaux, les rochers et les artefacts élaborés. B.B. s'informe de sa propre élaboration. C'est comme si le multicosmos était un être gigantesque dont le cerveau et les mains seraient le WAAM B.B. Celui-ci façonnerait l'argile de la matière dans les univers distincts, la concentrant en forme d'atomes, de nuages d'étoiles, de planètes, de montagnes et d'êtres vivants. Mais pour façonner, il faut voir. Ses yeux seraient les cerveaux. Ceux-ci transmettent l'information à B.B. et il corrige à son tour les déficiences du système grâce aux modèles fournis par WOA. Les mains du WAAM B.B. ne sont autre chose que l'influence physique interunivers de la masse imaginaire qui se propage d'un cosmos à l'autre en produisant des plis de l'espace et donc des configurations de masse et d'énergie modulées par l'information du B.B.

Voyez comment, chez WOA, son centre d'information est statique, tandis que dans l'univers multiple, le WAAM B.B. en résonance avec WOA, l'information est dynamique. Pour cela, nous vous avertissons que la comparaison avec deux cordes de violon est seulement d'ordre didactique et métaphorique, car chez elles, l'effet de résonance se manifeste par une dynamique simultanée. Nous avons utilisé le verbe de OYAGAA générer comme représentatif de l'action de WOA, parce qu'il vous est plus familier et vous rappelle de façon didactique le concept du verbe créer si cher aux théologiens de la Terre. WOA n'est pas l'être que vous imaginez en tant que Dieu, paternel, intelligent, pensant, avec une structure anthropomorphique, qui décide de créer un univers et d'y mettre des créatures à son image qu'il récompensera après leur mort, si elles ont accompli ses lois. WOA n'a rien à voir avec cet être mythique créé par les esprits de l'homme terrestre. Ici le verbe engendrer pourrait se traduire comme représenté par un effet spécial de résonance cosmique. Des modèles d'informations se transfèrent au WAAM B.B. pour dynamiser de façon évolutive dans le temps, la configuration d'un réseau d'univers. Une parabole simple pourrait contribuer à vous familiariser avec notre cosmologie.

WAAM B.B. est comme le cerveau d'un potier dont les yeux fatigués (les cerveaux des OEMMII) contemplent une masse d'argile (la matière et l'énergie). Ses mains (la masse imaginaire dont les tentacules traversent les frontières des univers distincts) façonnent une amphore. Mais pour le faire deux processus intellectuels sont nécessaires. Premièrement, s'inspirer d'un dessin (modèle informatif) qui représente un récipient. Pour cela il regarde un vieux livre de poterie (WOA) qui lui suggère subtilement la forme que doit avoir l'amphore, mais surtout, il doit apprendre à corriger lui-même la forme de celle-ci, la manipulant avec ses mains, l'observant pendant qu'elle prend forme, prenant conscience des difficultés qu'entraîne le maniement d'une substance visqueuse.

Quand nous attribuons, dans nos écrits à des hommes de la Terre, la faculté de générer, nous ne faisons pas référence pour autant à cette hypothèse qui est la vôtre de la fonction divine de créer de la matière à partir de rien, mais d'engendrer des IMAGES ÊTRES IDÉAUX dans le WAAM B.B. que celui-ci se charge de dynamiser ou de modeler dans les univers qui coexistent avec WOA. C'est-à-dire qu'ils n'ont pas été créés, dans le sens que vous donnez à ce mot, par Dieu.

Nous avons un profond respect pour vos conceptions religieuses d'entités appelées par vous Allah, Dieu, Jéhovah, Brahma... Mais comme vous venez de le remarquer, notre concept de WOA n'a rien à voir avec vos idées théologiques. Vous ne devez pas pour cela vous sentir forcés d'embrasser notre idée de WOA, qui pour nous est une conception scientifique, mais qui pour vous parvient par le truchement de feuilles dactylographiées dont la provenance est obscure. Pour cela, chacun de vous doit continuer à être fidèle à vos vieilles croyances comme nous vous l'avons toujours suggéré, et lire nos rapports, comme on étudie des coutumes d'un village tribal exotique et lointain. (Extraits de la lettre D792-1)

L'HOMME-SPATIOTEMPOREL

La réalité cosmo-physique impose de concevoir l'Homme, non pas comme un être tridimensionnel, mais comme un être tétra-dimensionnel, au minimum...

Les liens cosmiques qui unissent de manière indissociable les OEMMII à leur BB-planétaire et à leur BUAWA impliquent d'inclure l'Homme dans sa dimension temporelle.

Nous ne devons plus parler de l'Homme *Homo Sapiens*, mais de l'Homme spatiotemporel, un *Homo Sapiens Spaciotemporis*... Cette distinction est très importante et ne relève pas simplement d'une vision philosophique conceptuelle, mais bien d'une réalité cosmo-physique.

L'Homme-spatiotemporel imprègne les axes dimensionnels de l'Espace-Temps, y laissant une traînée gravée comme les phares des voitures dans la nuit sur une pellicule photo...

La traînée gravée par l'OEMMII dans l'Espace-Temps existe AÏOOYA AMMIÈ suivant l'axe du Temps. Elle n'est plus perceptible par nos yeux, seul l'archivage mnésique nous permet de nous souvenir de manière abstraite que nous avons un passé. Pour autant, la traînée spatio-temporelle gravée par l'OEMMII existe toujours dans les IBODSOO cosmiques. L'Homme-spatiotemporel est donc un long serpent avec à sa tête le corps humain. Tel le serpent, son corps et sa tête sont indissociables.

L'Homme-spatiotemporel est sous le contrôle de sa BUAWA qui détermine et oriente les grandes lignes de la vie de l'OEMMII. Le cerveau neuronal permet à l'homme d'adapter et mettre en œuvre les lignes directrices de sa BUAWA.

D41 : Dans le continuum ESPACE-TEMPS (comme le dénomment incorrectement les physiciens de la TERRE), le corps humain est un pli de plus de l'ESPACE (une dépression à travers une quatrième dimension) que nous pouvons définir mathématiquement avec dix dimensions. En somme une MASSE avec Volume et Temps associés. On ne peut concevoir le temps s'il est dissocié des autres magnitudes.

Les gens qui ont une faible formation scientifique jugent l'homme comme un être à trois dimensions (volume) vivant divers faits dans le flux du Temps. Pour lui, il existe seulement le souvenir des faits passés. L'unique réalité est le présent, et le futur n'existe pas encore.... Cette description du monde est aberrante et puérile.

Imaginez que sont disposés tout au long d'un axe qui représente la dimension TEMPS les diverses situations (ÉVÈNEMENTS) qu'a vécu, que vit, que vivra un homme au long de sa VIE.

L'espace et le temps sont associés si étroitement que si nous unissons dans une même expression graphique, en une seule image, toutes ces situations ou faits que vit l'homme tout au long de sa vie, nous obtiendrons un ÊTRE étrange à quatre dimensions (volume + temps) qui ressemblerait à un énorme OEBUMAEI (espèce de beignet long ou de boudin très apprécié dans la région d'AADAAADA, sur UMMO), dont la section représenterait un bonhomme si nous la coupions en tranches.

Les cosmologues de UMMO appellent cet être tétra-dimensionnel : OEBUMAEOEMII

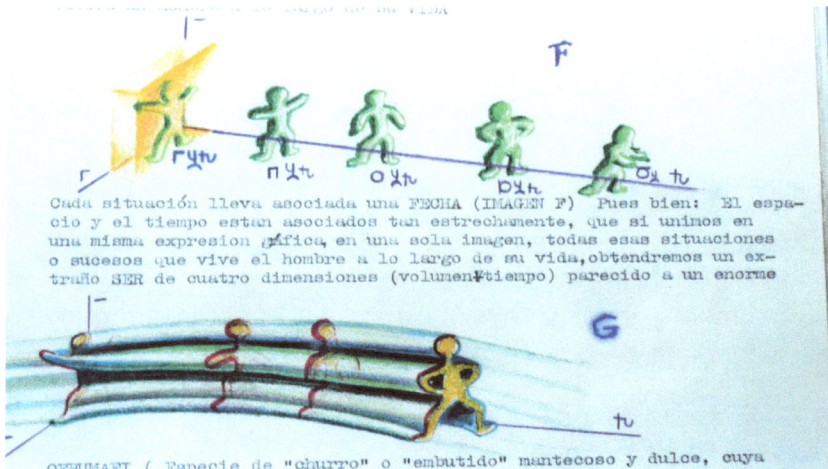

Cada situación lleva asociada una FECHA (IMAGEN F) Pues bien: El espacio y el tiempo estan asociados tan estrechamente, que si unimos en una misma expresion gráfica, en una sola imagen, todas esas situaciones o sucesos que vive el hombre a lo largo de su vida, obtendremos un extraño SER de cuatro dimensiones (volumen+tiempo) parecido a un enorme

OEBUMAEI (Especie de "churro" o "embutido" mantecoso y dulce, cuya

LE TEMPS EST UNE ILLUSION

WOA concède à l'âme une prérogative qui est transcendante.

ELLE PEUT MODIFIER UNE FOIS POUR TOUTES LA FORME DE L'OEBUMAOEMII (HOMME-PHYSIQUE : ESPACE-TEMPS).

Ce qui signifie que si WOA (GENERATEUR ou DIEU) engendre et crée le corps physique, en fixant les caractéristiques de sa physiologie, il concède à la BUUAWEA la faculté de modeler la conduite du corps tout au long du temps, une fois pour toutes.

RÉSUMÉ ET CONCLUSION

La science du XXème siècle arc-boutée sur le rationaliste-positivisme est arrivée à l'aube du 3ème millénaire à ses limites. Un nouveau paradigme cosmologique générant un nouveau cadre de pensée scientifique plus large est nécessaire pour continuer à pouvoir expliquer les phénomènes complexes qui nous entourent.

Le substrat universel IBOSDSOO, proche du concept de Corde est à la fois plus simple et plus puissant dans ses possibilités de description physique et de développements mathématiques. Les axes angulaires OAWOO, proches du concept de dimension vectorielle, permettent aussi une vision plus claire des phénomènes à l'échelle du cosmos. Cette nouvelle perspective du cosmos est aussi étendue par des dimensions universelles infinies d'une part, et les 10 principales décrites par les Oummains en particulier, qui nous donnent la vision d'un espace où les voyages et les communications dans le Multicosmos sont intelligibles. Ce modèle IBOSDSOO s'inscrit en parfaite cohérence et dans la droite ligne des thèses développés ou pressenties depuis des millénaires dans de nombreuses cultures terrestres, de la Maya Védique, aux monades de Leibniz, en passant par Fourier et les interconnexions quantiques de Niels Bohr, puis en 1952 le champ potentiel quantique du modèle holographique de David Bohm. Ce long cheminement intellectuel trouvant en 1982 une de ses preuves décisives de ce qui s'appelle maintenant l'intrication quantique, non-locale, avec Alain Aspect et son équipe.

Le basculement des axes angulaires peut être complet pour passer dans un autre cadre tridimensionnel ou partiel pour obtenir des effets LEIYO anti-gravitationnels. Les trous noirs n'existent pas vraiment, il s'agit simplement d'étoiles à neutron super massiques qui finissent leur vie dans l'anticosmos.

L'anticosmos contient de grandes quantités d'anti-matière qui influent sur notre cosmos courant. Nous percevons ces masses par ses effets gravitationnels et les variations de la vitesse d'expansion du cosmos que la science contemporaine désigne sous les termes de matière et énergie noires.

Tous les cosmos et anticosmos sont séparés par une membrane XOODII qui contient des masses sans volume qui transmettent les effets gravitationnels d'un cosmos sur son opposé.

La logique Tétravalente permet des développements mathématiques nouveaux et une compréhension cohérente, homogène, des entités cosmologiques transcendantes jusqu'ici reléguées dans le domaine de la métaphysique.

L'être vivant OEMMIIWOA souvent désigné sous le terme de prophète trouve sa place dans une logique de l'évolution humaine. C'est physiquement un humain mutant qui captera directement un flux de communication du Méta-cerveau BUAWE BIAEI. Le Méta-cerveau est une entité relais de ce nous appelons DIEU, il peut ainsi tenter d'orienter l'évolution humaine vers une voie de plus en plus intellectuelle et spirituelle.

Il n'y a aucune vision religieuse dans ce nouveau paradigme, et je condamne par avance toute personne qui tenterait de détourner ce travail dans un but religieux ou sectaire.

Bien au contraire, cette nouvelle vision cosmologique réconcilie Science et Théologie dans un nouveau paradigme unifié d'une approche rationnelle-positiviste incluant la Métaphysique.

⊠

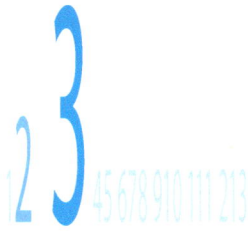

L'ÉMERGENCE DU VIVANT

L'ensemble de ces hypothèses sur la genèse et l'évolution des entités de l'univers va nous permettre de décrire les points clés et les fondements de l'émergence du Vivant. L'émergence du Vivant ne peut être comprise sans une vision générale des différentes entités cosmologiques.

    D731 : Il existe autant de B.B. que d'AYUUBAAYII
    (réseaux d'êtres vivants planétaires) dans tout le
    WAAM-WAAM. Il y a une correspondance biunivoque entre
    chaque ensemble d'êtres vivants sur un astre froid et
    son B.B. correspondant.

En premier lieu, il faut chercher à comprendre comment se créé le contenu modélisateur d'un BB-planétaire. Indépendamment des mécanismes astrophysiques classiques, que se passe-t-il donc au moment de la création des astres ?

Ensuite, nous pourrons nous interroger sur les mécanismes qui ont conduit du pilotage d'un astre à l'émergence du Vivant proprement dite. Il s'agit là de mes propres thèses développées sur les bases de mon interprétation de la cosmologie oummaine.

LE CONTEXTE D'UN MÉTA-CERVEAU BB-PLANÉTAIRE

Les Oummains nous disent que les paramètres des astres froids sont connus de BB et que compte tenu de ces paramètres la vie est possible ou pas. Nous savons donc que :

- les astres froids sont liés à leur BB. Pour tous les êtres vivants, par un canal de communication intracellulaire, le BAAYIODUU. Pour les Humains, par un canal de communication cérébral, le OEMBUAW.

- le lien entre l'astre froid et BB est de nature gravitationnelle.

- le lien gravitationnel transmet les paramètres de l'astre froid à BB.

- BB étant dans le WAAM-UU le lien gravitationnel de l'astre froid avec BB passe par le canal d'un effet frontière avec la couche relais intercosmos XOODII.

L'HYPOTHÈSE DE LA CONSTANTE KRYPTONIQUE

Les astres sont régis par des lois physiques. Ces lois physiques incluent des interactions entre les entités du cosmos WAAM et le WAAM-UU qui transitent par l'intermédiaire des Masses Imaginaires dans la XOODII WAAM. Dans certains cas, des corps célestes peuvent avoir un lien avec un BB-planétaire.

L'hypothèse est que les astres ayant de l'eau en phase liquide et une certaine concentration de krypton, et uniquement ces astres-là, sont potentiellement capables de se connecter avec un méta-cerveau planétaire BB.

Les atomes de krypton doivent se trouver en solution dans l'eau, et la concentration du krypton en solution aqueuse est telle que cela permet de lier gravitationnellement les atomes de krypton.

Lorsque la configuration d'atomes de krypton devient idéale, alors elle entre en résonance avec les fréquences gravitationnelles de l'astre, et alors la connexion avec son BB-planétaire à lieu. Cette configuration d'atomes de krypton est une sorte de BAAYIODUU archaïque, c'est-à-dire qu'il n'est pas encore intégré à un être vivant, puisqu'il n'y en a pas encore...

La concentration de krypton en solution aqueuse de ces astres se situe dans une plage telle que cela permet de lier gravitationnellement les atomes de krypton dans une chaîne. Cette chaîne se structure en une configuration idéale qui entre en résonance avec les fréquences gravitationnelles de l'astre. Ce rapport entre la concentration de krypton en solution aqueuse et la gravité de l'astre permettant la configuration idéale correspondant probablement à un seuil précis, je le désignerai par le terme de constante Kryptonique. Cette constante est donc sous-jacente à ce phénomène de résonance de la chaîne d'atomes de krypton.

Pour éviter toute confusion, notons bien que le phénomène de résonance est produit suivant des données variables. Il est obtenu par adéquation :

- d'une masse de H2O variable

- des fréquences gravitationnelles variables d'un astre

- avec une concentration de krypton qui est, elle aussi, variable.

Si nous devions chercher à formuler une telle constante, de manière simple, elle serait le résultat d'un ratio de variables de l'ordre, par exemple de :

Cte Kr = [Masse (H2 O)/Masse (Kr)]/Fréquence (G)…

L'adéquation de ces paramètres : la quantité d'eau sur l'astre, les fréquences gravitationnelles de l'astre, sa concentration de krypton en solution aqueuse, provoquent donc une résonance gravitationnelle spécifique. Cette résonance gravitationnelle spécifique provoque un effet frontière LEIYO qui permet la codification de manière unique de l'astre émetteur. En résumé, ce lien informationnel astre-krypton-BB est donc univoque, de nature gravitationnelle et il est réalisé par le canal d'un effet frontière. C'est le BAAYIODUU archaïque, c'est-à-dire qu'il n'est pas encore intégré à un être vivant, puisqu'il n'y en a pas.

Cet effet frontière génère la connexion à un BB-planétaire initialement vide dans le WAAM-UU. Cette première connexion initialise le BB avec les paramètres structurants de l'astre (sa masse, sa nature géologique, etc.). Le lien de communication astre-krypton-BB est alors établi, il renseigne alors dynamiquement BB-planétaire sur l'état, l'évolution des paramètres de l'astre. Tant que l'astre émet des ondes gravitationnelles qui ont une résonance correspondant à sa densité de krypton, ce lien identifie l'astre à son BB-planétaire. Le krypton en solution aqueuse est devenu le récepteur des fréquences gravitationnelles émises par BB qui transmettent des modèles évolutifs.

Toutes ces interactions transitent par l'intermédiaire des Masses Imaginaires dans la XOODII WAAM.

Schéma du lien Astre-krypton-BB-planétaire

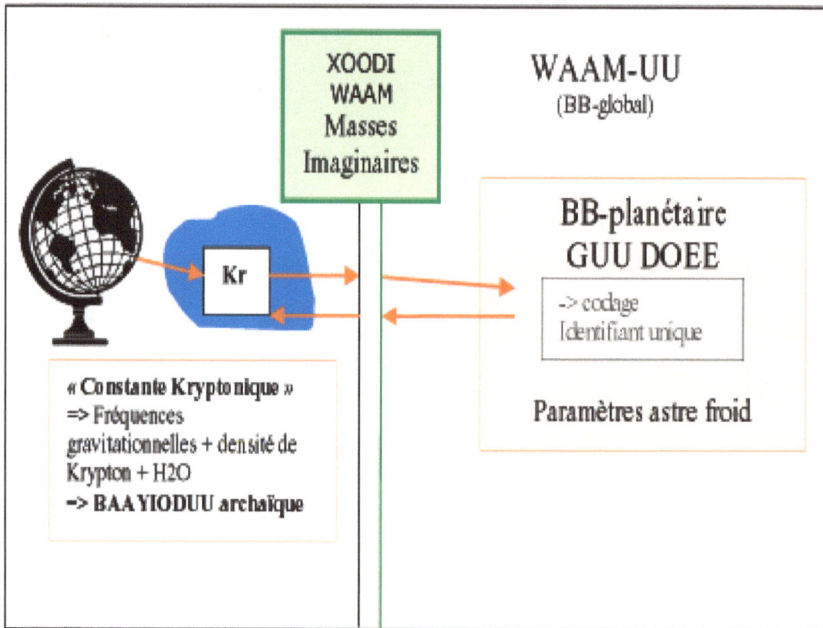

Figure 1-p1 : Schéma du lien Astre-krypton-BB suivant une constante Kryptonique sous-jacente correspondant au seuil de concentration de Krypton en solution aqueuse qui permet la création du BAAYIODUU qui lui-même entre en résonance avec les fréquences gravitationnelles de l'astre.

DÉTAIL DE L'HYPOTHÈSE DE LA CONSTANTE KRYPTONIQUE

L'idée de l'émergence du vivant à partir de la matière inerte suppose que cette dernière change d'état et acquière de nouvelles propriétés, celles du vivant. La principale propriété du vivant étant sa capacité d'autoreproduction, la seconde sa capacité d'évolution-adaptation. Le cumul de ces deux propriétés est une émergence que ne possède pas la matière inerte. Et comme nous l'avons vu, les êtres entropiques, inertes, perdent de l'information, alors que les êtres néguentropiques, vivants, absorbent l'information du milieu extérieur. Autrement dit, un être vivant s'auto-réplique, et sa réplique dispose de la faculté d'évoluer en fonction des informations acquises du milieu extérieur.

Le phénomène général de l'émergence a connu de multiples approches : holistes, vitalistes, réductionnistes ou émergentistes ont tourné autour du sujet en l'éclairant de leurs divers points de vue, mais sans qu'aucune de ces approches ne réussissent à décrire l'essence de l'émergence du Vivant.

Pour explorer mon hypothèse, je retiendrai pour principe initial de l'émergence, l'approche philosophique Hégélienne et son équivalent mathématique et systémique décrit par les Systèmes Dynamiques Non Linaires (SDNL).

Dans ces explications, je me propose de définir l'émergence de la manière suivante :

Il y a émergence lorsqu'un système dans un état stable avec des propriétés initiales, bifurque à un point critique vers un ou plusieurs états stables avec de nouvelles propriétés. Cette bifurcation pouvant être une discontinuité.

La qualité d'une émergence, c'est-à-dire le niveau de sa transcendance, dépend de la densité d'information mise en interrelation par les éléments qui composent le système initial et de l'architecture du réseau du système.

L'analyse sémantique du vocable EIDUAYUUEE nous donne une idée de comment les Oummains perçoivent ce concept proche de l'émergence :

```
EIDOAYUEE est le fait évident pour vous de ce qu'un
Réseau possède des propriétés et exerce des fonctions
que ne possèdent pas les éléments qui le composent.
```

La traduction de EIDUAYUUEE est Le concept identifie une manifestation qui dépend de l'architecture du réseau.

GÉNÉRALITÉS SUR LES SYSTÈMES DYNAMIQUES NON LINÉAIRES

Lorsqu'un paramètre de contrôle P donné atteint le seuil critique Psc, un système stable S1 bifurque vers 2 ou plusieurs états stables possibles S2, S3, Sn, Sn+1.

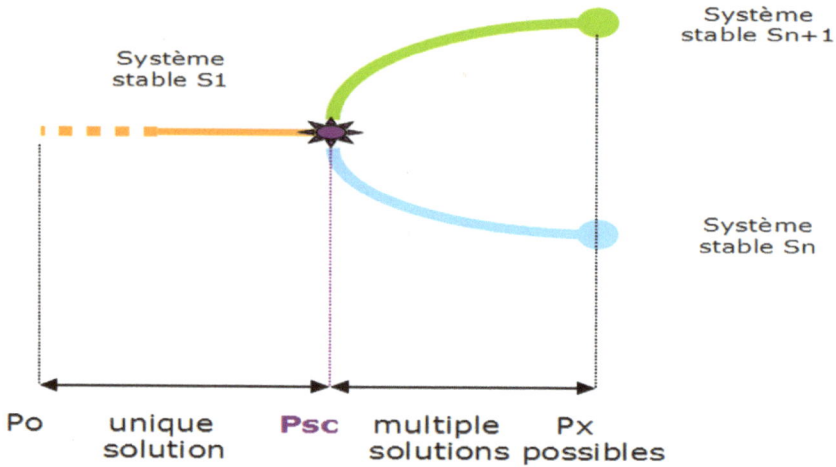

Système stable S1

Système stable Sn+1

Système stable Sn

Po   unique   **Psc**   multiple   Px
     solution   solutions possibles

résonance gravitationnelle avec le Krypton de la planète   **Point LEIYO**

Etat entropique
*Atomes de Kr
en solution
aqueuse*

Etat néguentropique
*BAAYIODUU-archaïque
chaine d'atomes de Kr*

LE SYSTÈME DNL DE LA CONSTANTE KRYPTONIQUE

Supposons un environnement donné dont les paramètres structurants (masse, gravitation, etc.) sont fixés et suffisants. Les paramètres structurants sont les composantes du SDNL dont les valeurs sont nécessaires et doivent aussi être suffisantes pour qu'ait lieu le changement d'état du système. Les paramètres structurants ne produisent pas par eux-mêmes le changement d'état du SDNL.

Dans notre cas d'application le paramètre de contrôle est la Constante Kryptonique. Rappelons que cette dernière résulterait d'un ratio de l'ordre de : Cte KR = [Masse (H_2O)/Masse (KR)]/Fréquence (G)…

Nous pouvons simplifier et ramener à P= concentration de Kr pour un milieu dont les paramètres structurants (masse, gravitation, etc.) sont fixés et suffisants.

Le système stable initial S1 est composé d'atomes de krypton en solution aqueuse.

La bifurcation intervient au seuil de la constante kryptonique, qui correspondrait à un effet de résonance gravitationnelle entre les atomes de krypton en solution aqueuse et les fréquences gravitation-nelles de l'astre. Ceci produirait l'organisation de la chaîne d'atomes de krypton en un système stable nommé BAAYIODUU-archaïque et doté d'un effet LEIYO de connexion à BB.

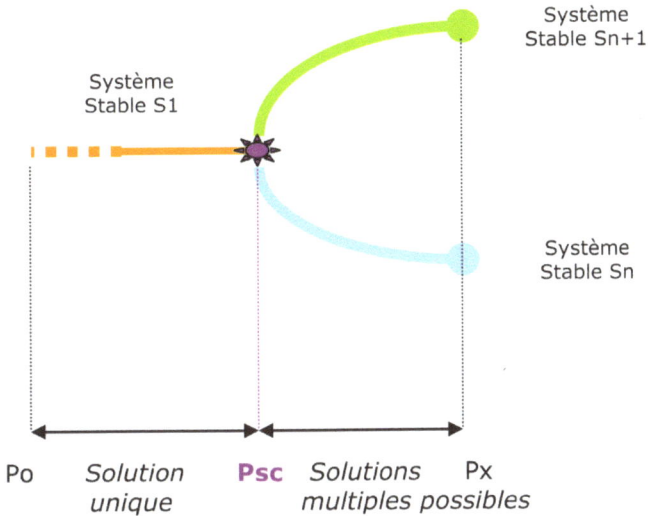

L'EFFET LEIYO ET LE KRYPTON

Le concept léi » — » illo décrit un ensemble de phénomènes cos-mologiques qui se manifestent dans ce que les Oummains appellent XOODI WAAM, c'est-à-dire une couche qui sépare deux cosmos, traduit trivialement par effet-frontière. Le véritable LEIYOO WAAM est un phénomène de haute complexité qui implique la transformation d'un réseau d'ibozsoo uhu. L'analyse sémantique du vocable LEIYO exprime le changement de concept identifie un ensemble d'entités, ce que je traduis par Transposition isomorphique d'un ensemble d'ibozsoo uhu.

Concrètement, l'effet LEIYO qui serait impliqué pour le seuil de la constante kryptonique est un phénomène gravitationnel de résonance avec les paramètres [Masse (H2 O)/Masse (KR)]/Fréquence (G)…

Cet effet LEIYO serait l'initialisation de la connexion d'une structure d'atomes de Krypton avec le Méta-cerveau BUAWE BIAEI.

D58 : Ceux-ci [les atomes de Krypton] se trouvaient aux extrémités de la chaîne hélicoïde de l'acide DÉSOXYRIBONUCLÉIQUE en formant plusieurs paires (figure 58-2f8) (au total 86 ensembles bi-atomiques) qui tournaient sur des orbites communes et les plans orbitaux, sensiblement parallèles, jouissaient d'un AXE commun (l'axe A-B sur la figure 58-2f8). Cet axe décrivait en même temps un mouvement vibratoire harmonique dont la FRÉQUENCE ET L'AMPLITUDE étaient fonction de la TEMPÉRATURE (0,2 Mégacycles pour une température de 35 ° centigrades terrestres).

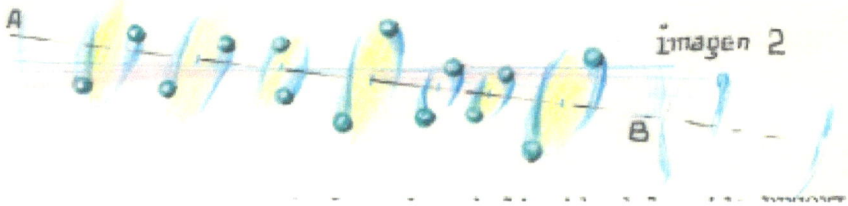

imagen 2

D731 : Comment est-il possible que les électrons d'un atome de krypton se comportent dans le B.I. *[B.I. = BAA IYODUHU (Facteur d'union entre B.B. et les chromosomes)]* et dans le O. *[O. = OEEMBUUAW (Facteur de krypton qui unit B.B. avec l'encéphale d'un OEMII)]* de façon si particulière ? Ce sont les sous-particules de Masse imaginaire qui, de l'autre côté de la frontière, exercent cette action.

Lorsque des êtres vivants avec de l'ADN seront formés, ceci signifie qu'il y aurait 43 atomes de ce composé Kr à chaque bout d'un chromosome, stockés dans chaque télomère. Chacune de ces paires de Kr2 a un plan orbital stable. Toutes ces paires de Kr2 auraient des plans orbitaux parallèles entre eux. Mais, dans l'état actuel de notre hypothèse les êtres vivants ne sont pas encore formés, réfléchissons donc à l'étape en amont…

Au seuil critique de la concentration de krypton en solution aqueuse, les fréquences gravitationnelles de l'astre et du krypton entrent en résonance, c'est l'effet LEIYO. Ceci génère la chaîne de paires d'atomes de krypton et ils synchronisent leurs orbites. Leurs couches électroniques initialisent le BB-planétaire en entrant en connexion. Cette première connexion initialise le BB-planétaire avec les paramètres structurants de l'astre (sa masse, sa nature géologique, etc.). Le lien de communication astre-krypton-BB est alors établi, il renseigne alors dynamiquement BB-planétaire. Ainsi serait formé un BAAYIODUU-archaïque qui sera plus tard intégré dans les êtres vivants.

RÉSUMÉ ET CONCLUSION

Nous avons vu dans l'hypothèse que compte tenu d'une constante universelle dite constante Kryptonique, que les astres qui contiendraient une certaine concentration de krypton en solution aqueuse génèrent un assemblage particulier des atomes de krypton qui permet de connecter et d'initialiser un BB. C'est donc le BAAYIODUU archaïque qui n'est pas encore intégré à un être vivant, puisqu'il n'y en a pas encore...

Toujours en suivant ce fil conducteur, je vais donc poursuivre le développement de cette hypothèse d'une manière homogène pour l'émergence du Vivant avec les indications assez nombreuses et précises que nous avons sur le lien du BAAYIODUU des êtres vivants avec BB.

Donc à l'aide des indications des documents oummains, je poursuivrai la réflexion par une hypothèse complémentaire qui développe les explications sur les flux gravitationnels qui lient une espèce vivante au BB par l'intermédiaire du krypton.

☒

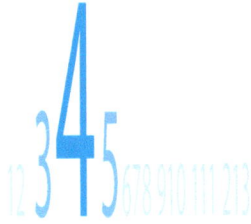

L'ÉVOLUTION ORIENTÉE DU VIVANT

Nous connaissons bien les phénomènes d'évolution par la sélection naturelle darwinienne ou plutôt néo-darwinienne telle que décrite par Stephen Jay Gould. Nous pouvons penser que l'activité solaire et la proximité de la Terre du soleil génèrent des taux de mutations très importants qui rendent l'évolution darwinienne très visible sur Terre. Ce mécanisme aurait éclipsé un autre mécanisme, plus lent et donc moins visible.

Pourtant, lorsque nous voyons une jolie fleur d'orchidée se transformer pour imiter l'odeur et l'apparence visuelle d'une femelle d'un insecte butineur autochtone en parfait synchronisme de coévolution avec le développement de l'insecte, nous pouvons nous interroger comment une telle synchronisation évolutive est possible ? Les approches darwiniennes manquent de réponses…

Des notions de champ morphogénétique sont développées dans les années 1920, par Hans Spemann, Alexander Gurwitsch et Paul Weiss, puis en 1981 par le biologiste Rupert Sheldrake. Ces champs morphogénétiques seraient déterminants dans le comportement des êtres vivants qui hériteraient d'habitudes de l'espèce par résonance morphique. Rupert Sheldrake pense alors que les caractéristiques morphogénétiques sont des structures de probabilité dans lesquelles l'influence des types passés les plus répandus se combinent pour augmenter la probabilité que ces types réapparaissent. Rupert Sheldrake fait donc une avancée intellectuelle et effleure donc la problématique de la création de potentialités du Réel Absolu, de l'AllODII, sans toutefois en percevoir la dimension cosmologique profonde, ni même les fondements physiques.

Pourtant, bien avant lui le psychiatre Carl Jung comprendra qu'il existe une structure informative exogène à l'humain, qui lui fournit des archétypes à un niveau profond, d'un inconscient collectif partagé par l'espèce humaine entière. Malheureusement, comme aucun biologiste, Rupert Sheldrake ne saura pas en voir la portée, ni le lien avec ses propres recherches...

Nous avons vu dans une hypothèse précédente que le BAAYIODUU archaïque est en solution dans l'eau. Sachant que le contexte est le suivant :

- L'astre froid doit disposer d'eau en phase liquide.

- Sur Terre, dans l'eau se trouvaient les acides aminés de la fameuse soupe prébiotique, plus ou moins enrichie par la panspermie.

- Comme l'expliquent les Oummains, l'eau est l'amplificateur informationnel qui permet d'échanger les informations captées par le Krypton jusqu'au sein des cellules vivantes.

- Il existe un mécanisme d'échange d'informations intracellulaire avec le BB, qui conduit à la mise sous contrôle des mutations génétiques, c'est à dire, la mise sous contrôle des combinaisons des acides aminés entre eux pour modifier le système génomique.

- BB et l'astre froid sont en interaction, et ils suivent les lois universelles de la phylogenèse et de l'orthogénie.

LA PHYLOGENÈSE ET L'ORTHOGÉNIE

D 792 : une loi qui vous est inconnue et que nous dénommons BAAYIOODISXAA (Equilibre cosmique biologique), et communément dénommée par vous, processus d'évolution de l'espèce qui se régit par des règles qui émanent du B.B. (Orthogénèse) à travers des IDUGOOO (Changements ou mutations génétiques) successives.

D57-3 : La formule qu'exprime le BAAYIODIXAA UUDIII est une fonction complexe dans laquelle sont intégrés une multitude de paramètres... formule qui exprime les conditions d'équilibre biologique qui se mesurent dans un milieu donné

100

BAAYIODIXAA UUDII peut-être traduit par : Interconnexion dynamique d'un ensemble de paramètres d'évolution dont dépend la morphologie (des êtres vivants).

Cette fonction traduit le contrôle des mutations des êtres vivants par BB par l'intermédiaire du BAAYIODUU. Les mutations sous le contrôle de BB suivent alors des schémas évolutifs, où chaque phylum correspond probablement à une classe d'émergence, à un modèle ou patron de BB.

Que peut-il se passer entre le BAAYIODUU-archaïque et les acides aminés ? Comment le vivant peut-il émerger de la matière inerte ?

L'ÉMERGENCE DES PROTOMOLÉCULES ORGANIQUES

L'hypothèse de l'émergence orientée du Vivant est que les informations issues du BB-planétaire, et captées par le BAAYIODUU-archaïque, induiraient, orienteraient, catalyseraient, les regroupements d'acides aminés jusqu'à la formation d'une structure autoreproductible. Cette entité autoreproductible comportant une structure génomique primitive composée d'acides aminés, c'est-à-dire des protomolécules organiques. Elle transmet et reçoit des informations au BB-planétaire.

Les assemblages d'acides aminés se feraient de manière orientée via le BAAYIODUU-archaïque. Les assemblages chimiques des fonctions amines sont catalysés, orientés par le BB-planétaire dans l'intervalle de tous les modèles types possibles de combinaisons correspondant aux paramètres de l'astre froid. Par conséquent avec un nombre de combinaisons possibles limitées. Ainsi apparaitraient des ARN-archaïques.

Les mécanismes de réplication des ARN-archaïques sont probablement dus aux ribozymes. C'est donc un mécanisme purement physico-chimique. Seules les mutations internes dans les séquences des ARN-archaïques sont sous le contrôle du BB-planétaire par l'intermédiaire du BAAYIODUU-archaïque.

Il s'agit d'une émergence orientée par le BB-planétaire via le BAAYIODUU-archaïque.

Les combinaisons autoreproductibles à base d'ARN-archaïques apparaissent donc dans un choix de modèles types qui suit le principe évolutif classique de l'orthogénèse. Les entités autoreproductibles sont alors constituées suivant le modèle optimal, parmi d'autres possibles dans les modèles du BB-planétaire. Les processus informatifs entre le krypton et BB se poursuivent de la même manière. Le contenu informatif transmis au BB évolue qualitativement avec la complexification de l'entité.

Si les paramètres structurants de l'astre froid le permettent, pour des raisons de stabilité et de fiabilité des structures, l'ARN-archaïque est probablement très rapidement intégré dans une structure membranaire protégeant l'ensemble de la structure.

Il n'est pas explicitement dit dans les documents oummains que la première unité autoreproductible vivante soit une structure dotée d'une membrane, du type des coacervats par exemple. Néanmoins, la suite de l'évolution se fonde sur des entités autoreproductibles à structures membranaires.

Schéma1 et 2 : L'effet orienté du BB sur le BAAYIODUU-archaïque en solution aqueuse avec les fonctions amines, permet la construction d'ARN-archaïques suivant les modèles du BB-planétaire.

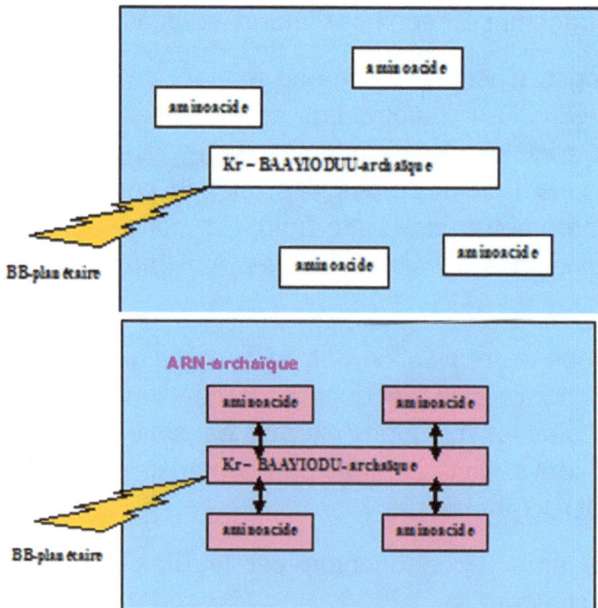

Schéma 3 : Les ARN-archaïques sont intégrés dans une structure membranaire et constituent les premières entités autoreproductibles vivantes néguentropiques.

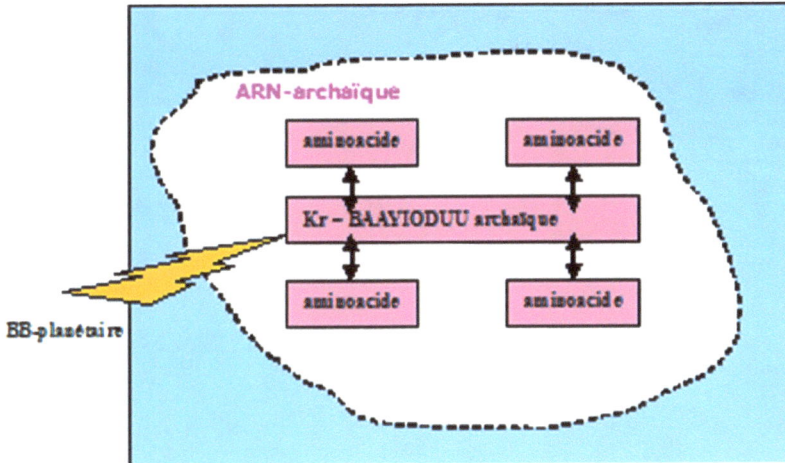

ANALYSE SÉMANTIQUE DU VOCABLE *UUDIE*

Bien que cela ne soit pas dit textuellement, nous pouvons voir graphiquement sur le schéma Oummain S731-f3e, une flèche indiquant l'influence de BB sur ces proto-molécules organiques et les organismes primigènes qui sont aussi les premiers êtres vivants autoreproductibles.

La traduction de UUDIE :

- La dépendance dynamique a une forme qui identifie un concept [envoyé ou reçu de BB].

- faculté de perception.

- Biocapteur.

La traduction de UUDIE BIEE :

Le biocapteur a une connexion qui identifie les modèles [dans BB]

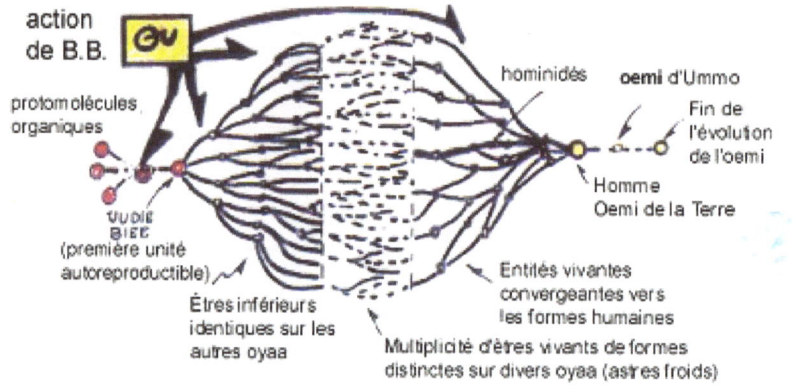

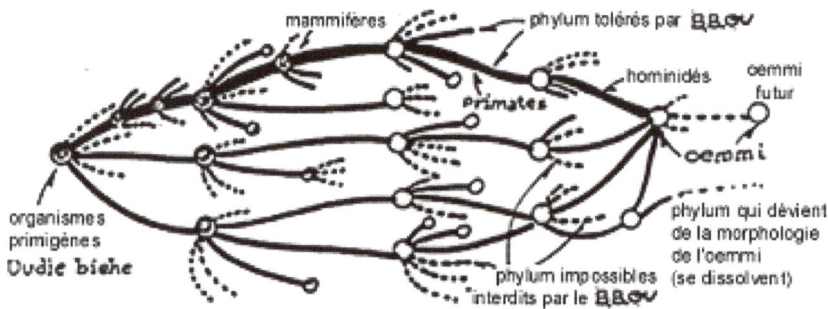

RÉSUMÉ DES PHASES D'ÉVOLUTION : ARN, PROTÉINES, ADN

Soupe prébiotique due à divers phénomènes de panspermie et de synthèse peptidique contient du krypton et des acides aminés en solution aqueuse.

La constitution du BAAYIODUU-archaïque est réalisée par le premier effet LEIYO au seuil de la constante kryptonique. Il y a connexion et initialisation du BB-planétaire. C'est le début du domaine d'application du concept d'Evolution BAAYIODIXAA.

La constitution d'ARN-archaïques se fait par l'assemblage d'acides aminés sous l'action du BAAYIODUU-archaïque en solution aqueuse. C'est là, l'apparition des premiers êtres vivants autoreproductibles.

Apparition des protéines.

Apparition de l'ADN, probablement en raison de l'activité et de l'évolution des virus à ARN.

CONCLUSION SUR L'ÉMERGENCE DU VIVANT

Ce qui marque la différence entre l'inerte et le Vivant, c'est que la matière inerte est soumise aux lois physico-chimiques, tandis que pour le Vivant le hasard physico-chimique est contrôlé et orienté par les modèles du BB-planétaire associé. C'est à partir du franchissement du seuil de la constante kryptonique que l'inerte passe sous le contrôle du BB-planétaire et que l'architecture des structures du Vivant se met en place. Le BAAYIODUU-archaïque est constitué et permet l'assemblage des acides aminés en ARN-archaïques qui sont répliqués par des mécanismes physico-chimiques et rapidement encapsulés dans des membranes.

Ainsi les premières entités vivantes à base d'ARN-archaïques sont sous l'influence des lois de la phylogenèse et de l'orthogénie qui sont mises en œuvre suivant les modèles génotypiques et phénotypiques contenus dans le BB-planétaire qui contrôle les mutations.

Les lois de l'Evolution exprimées par le concept BAAYIODIXAA suivent une évolution plus rapidement adaptée au milieu que ne le ferait le seul hasard statistique des lois quantiques qui régissent les phénomènes microphysiques. Ainsi, les pinsons de Darwin ont-ils muté vers des modèles génotypiques et phénotypiques viables, bien plus vite que si les mutations étaient dues au seul hasard. La sélection naturelle darwinienne fait le reste...

Schéma : L'émergence contrôlée du Vivant

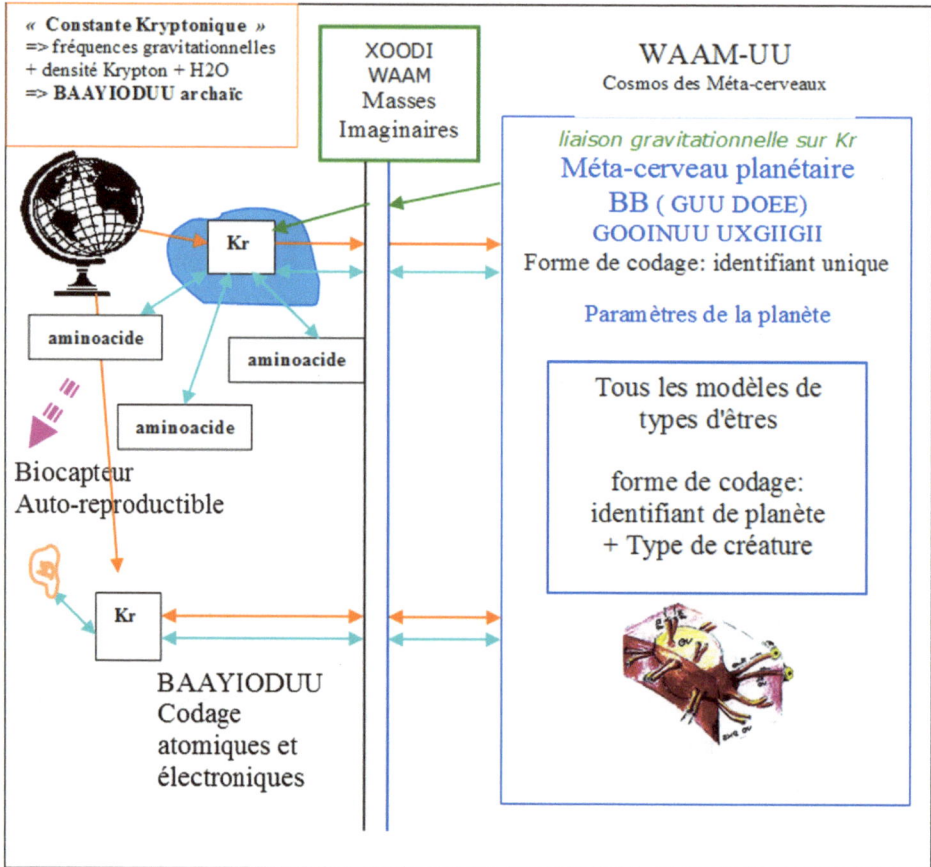

LES FLUX D'INFORMATION D'UNE ESPÈCE VIVANTE

Dans la continuité des hypothèses précédentes, nous allons voir une hypothèse décrivant les flux gravitationnels qui lient une espèce vivante au BB par l'intermédiaire du krypton. Sur ce sujet nous avons en effet des éléments de départ assez nombreux.

Nous savons par les écrits Oummains que :

- BB contient tous les modèles types des êtres vivants de l'astre froid

- BB transmet aux êtres vivants des informations qui valident les évolutions des êtres en conformité avec des modèles types

- Le lien entre BB et le système génomique des êtres via la résonance avec le Krypton est de nature gravitationnelle

- Le lien BAAYIODUU du système génomique (l ensemble des ADNs, ARNs, etc.) avec BB met un être vivant en relation avec tous les modèles types des êtres vivants possibles de l'astre froid.

- Toutes les configurations génomiques possibles des êtres vivants sont identifiées par un code unique. Ce codage unique est constitué par toutes les configurations possibles de chaque électron dans les huit sous-couches de chacun des atomes de Krypton.

Par ailleurs, nous savons que l'Ame des êtres humains est mise en connexion avec la première cellule de l'être vivant au moment de la fusion génomique.

Comment les informations des cellules des êtres vivants peuvent-elles être envoyées au bon BB-planétaire ?

Comment les communications des BB-planétaires peuvent-elles être reçues par les bons destinataires ?

LES FLUX D'INFORMATIONS DES ESPÈCES VIVANTES

Comme nous l'avons évoqué précédemment, nous allons supposer que pour les êtres vivants c'est au moment de la réplication du système génomique de type ARN ou ADN, que le BAAYIODUU se connecte à son BB-planétaire, et que les êtres vivants commencent à communiquer avec le BB.

Les fréquences gravitationnelles émises par les processus biochimiques des êtres vivants entrent en résonance avec le krypton intra-cellulaire qui provoque un effet LEIYO qui permet la transmission des informations au BB-planétaire.

S'il n'est peut-être pas nécessaire à BB de connaître la source exacte, à l'individu près, des informations qui lui sont envoyées, il lui faut néanmoins connaître au minimum :

- l'espèce émettrice correspondant à une classe de modèle
- l'astre émetteur

Ceci sous-tendrait que la notion d'espèce n'est pas liée à des contraintes génético-évolutives qui ne sont que les résultantes d'un processus amont, mais in fine, strictement aux catégorisations du BB-planétaire.

Chaque espèce correspondrait à un modèle type dans le BB-planétaire et chaque modèle à un niveau d'émergence particulier.

L'IDENTIFICATION DE L'ESPÈCE ÉMETTRICE

Sachant que chaque BUUAWE BIAEEI planétaire est lié à un astre et contient :

- Les informations des perceptions et processus mentaux des êtres supérieurs (OEMMII)
- Les symboles universels, idées-patrons des êtres supérieurs

- Les patrons grégaires émotionnels des êtres supérieurs

- Les informations biologiques du milieu écologique de tous les êtres vivants

- Les patrons de formes biologiques de tous les êtres vivants

H8

– En théorie, si un hybride de deux humanités pouvait exister, à quel subconscient collectif appartiendrait cet individu?

U – A celui dont il aurait le plus de gènes.

BB communique par l'intermédiaire des masses imaginaires

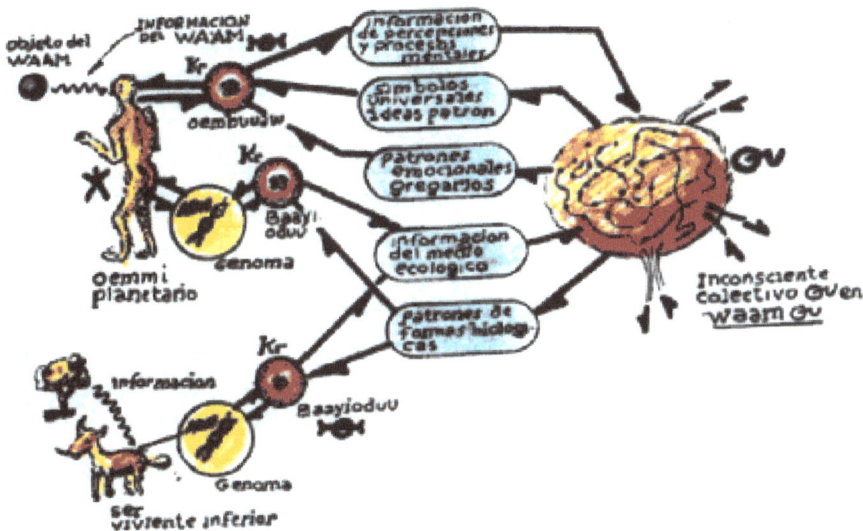

Les patrons biologiques des êtres vivants sont entièrement codés au niveau de chaque cellule de chaque être vivant, ils peuvent donc être identifiés au sein même de la cellule.

Par contre, les profils comportementaux grégaires ne sont pas contenus au sein même de la cellule. Ils nécessitent donc d'être identifiés dans BB, spécifiquement pour chaque espèce d'humain du cosmos.

Il y a donc nécessairement un lien univoque entre une espèce d'humain et un type de profil comportemental grégaire. L'hypothèse est que l'identifiant du type de profil comportemental grégaire est une fréquence gravitationnelle caractéristique du type de l'espèce d'humain.

De même pour le flux de connexion entre une espèce humaine et les données du BB-planétaire doit être unique et identifiant.

L'IDENTIFICATION DE L'ASTRE ÉMETTEUR

L'identification de l'astre émetteur est nécessaire pour que les informations émises par l'être vivant aillent dans le bon BB, et non pas dans un autre !

Cela suppose que les fréquences gravitationnelles qui identifient l'astre se juxtaposent aux émissions gravitationnelles des êtres vivants. Il y aurait donc la fréquence gravitationnelle de l'astre en majeur qui jouerait le rôle d'une porteuse et un ensemble de fréquences gravitationnelles secondaires pour chaque espèce vivante qui se comporteraient comme des fréquences modulées ou des harmoniques.

Il y aurait une relation univoque entre l'humain d'un astre et son BB-planétaire basée sur des fréquences gravitationnelles.

LE FLUX D'INFORMATIONS ENTRANT DANS BB

Dans les structures d'atomes dynamiseurs de Krypton du BAAYIODUU, les ondes gravitationnelles de l'astre se juxtaposent avec celles de l'être vivant. L'ensemble des informations gravitationnelles est transféré au GOOINUU UXGIIGII du BUUAWEE BIAEEI sous forme de quantum d'énergie. Les quanta d'énergie arrivent dans le GOOINUU UXGIIGII et entrent en résonance (ondes stationnaires) avec les cordes qui relient les nodules deux à deux. Ils entrent en résonance en fonction de leur nature informationnelle.

Les forces gravitationnelles initialement émises par un être d'une espèce donnée correspondent donc à une multitude d'informations de natures diverses, transmises suivant des longueurs d'onde différentes avec des contenus différents. Les cordes GOOINUU UXGIIGII du BB-planétaire entrent donc en résonance en fonction de leur correspondance à chaque fréquence, puis l'information est transmise aux nodules qui la traitent.

LE FLUX D'INFORMATIONS SORTANT DE BB

Réciproquement, les informations du GOOINUU UXGIIGII doivent être transmises vers les êtres d'une espèce donnée, par exemple les patrons de formes d'un oiseau doivent être transmises par BB au bon destinataire : à un oiseau, pas à un poisson !

Le BB a enregistré les informations dans le GOOINUU UXGIIGII avec les longueurs d'ondes initiales d'émission d'une espèce donnée. Le BB émet en permanence tous les patrons de formes de tous les êtres vivants. Chaque espèce captant les informations qui lui sont destinées spécifiquement. Cette information résultant de l'émission d'un quantum d'énergie du BB, qui entrera en résonance avec la configuration BAAYIODUU dont la longueur d'onde correspondant à l'espèce concernée.

Au final, ce sont les électrons des atomes de kryptons qui captent et résonnent individuellement avec les harmoniques gravitationnelles qui leur correspondent.

HYPOTHÈSE DES STRUCTURES DE CATÉGORISATION DU BB

L'hypothèse est que le BB-planétaire ou plus exactement le GOOINUU UXGIIGII, est structuré en réseaux d'IBOZOO arborescents à l'image des phylums évolutifs. De grands réseaux de catégorisation des branches des êtres vivants, avec des sous-arborescences caractérisant chaque espèce, et d'autres nœuds encore marquant une différence de génotype pour l'espèce ou encore le schéma grégaire, etc.

Certains nœuds particuliers propres aux espèces notamment étant caractéristiques d'un niveau d'émergence, de qualité variable suivant de niveau d'évolution.

Ainsi, plusieurs phylums OEMMII, lorsqu ils existent sur une planète, par exemple Homo Sapiens Néandertalis et Homo Sapiens Sapiens, ne génèrent pas à proprement parler deux BB-planétaires distincts, mais deux réseaux d'IBOZOO distincts dans le même BB-planétaire.

Ceci expliquerait, que les Oummains désignent par le même vocable BUAWEE BIAEEII, plusieurs objets distincts :

D357-2 de 1987 : (La confusion que vous pourriez observer vient de ce que nous appelons B.B. (BUAUEE BIAEEII) non seulement l'Âme collective de UMMO ou de la Terre, mais aussi le plan cosmique (c'est-à-dire du multiunivers) qui contient tous les B.B. des différents réseaux sociaux qui peuplent notre Univers tétra dimensionnel

C'est-à-dire le BB-planétaire (la première acception [l'ancienne] est synonyme de COLLECTIVITE d'EESEOMI) et le WAAM-UU qui contient tous les BB-planétaires (notre concept actuel d'ESPRIT COLLECTIF).

Donc 3 concepts différents pour BB :

- de COLLECTIVITE d'EESEOMI (la première acception (l'ancienne)

- concept BB-planétaire : l'Âme collective de UMMO ou de la Terre

- concept de BB-global (WAAM-UU) le plan cosmique du multiunivers

Par ailleurs, nous avons explicitement dans 1966 — D33-3 :

Vous pourriez nous objecter que peut-être il existe plusieurs BUUAWE BIAEI associés aux différents groupes raciaux. Nous ne croyons pas plausible ce point de vue pour la simple raison que nous CONSTATONS que tout le noyau humain de la Terre est issu d'un même phylum anthropoïde.

Donc il n'y a qu'un *seul et unique BB pour notre humanité*.

Or dans le document D1751 nous avons :

Nous vous invitons à réfléchir sur les contradictions de l'âme collective (BUUAUE BIAEEI) islamique.

L'indication l'Âme collective caractérise l'objet BB-planétaire.

Donc cela impliquerait qu'il y ait *plusieurs BB-planétaires pour notre humanité*.

Pour être cohérent nous aurions dû avoir :

Nous vous invitons à réfléchir sur les contradictions de la COLLECTIVITE d'EESEOMI (BUUAUE BIAEEI) islamique.

A priori, nous pouvons penser que cette phrase est une lourde erreur, comme si nous mettions un terme de vieux français au milieu d'une phrase contemporaine. Mais, c'est peut-être aussi simplement parce que le vocable BB est utilisé pour des concepts différents et que justement deux phylums OEMMII d'une même planète ne génèrent pas à proprement parler deux BB-planétaires distincts, mais deux réseaux d'IBOZOO distincts dans le même BB-planétaire. Ce concept serait alors extrêmement proche de la notion de collectivité d'EESEEOEMMII. Ce type de concept impliquant qu'il y ait alors des réseaux d'IBOZOO foisonnants. Ce type de foisonnement ne marquant pas un nœud d'émergence d'espèce, mais simplement un foisonnement génotypique au sein de l'espèce, ses schémas grégaires, etc.

LES FLUX CÉRÉBRAUX HUMAINS

Comment sont transmis les flux reçus par les paires de krypton de l'OEMBUAW dans le cerveau, au corps humain ?

Comment sont transmis les flux reçus du BAAYIODUU à l'ADN ?

Comment un ordre de mutation du BB-planétaire est-il mis en œuvre jusque dans l'ADN ?

Comme nous l'avons vu le flux entre le BB-planétaire et les couches électroniques des paires de Krypton de l'OEMBUAW du cerveau ou le flux du BAAYIODUU aux cellules, est un effet LEIYO gravitationnel. Alors comment ce flux gravitationnel peut-il être transformé en flux biochimiques dans le cerveau ?

D58-5 : Pour résumer, nous vous indiquerons que le Crabe déjà cité captera grâce à ses yeux les stimulations lumineuses de la coloration des roches (BLEU-VERT). Ceci provoque une série d'altérations métaboliques (c'est-à-dire biochimique), immédiatement les stimuli codés sous forme d'influx nerveux affectent les organes simples de son système nerveux embryonnaire. Dans ce cas ce sont les niveaux de Potassium et d'Azote qui s'altèrent de manière telle que la cellule EST INFORMÉE des conditions qui règnent à l'extérieur dans le domaine OPTIQUE.

Au travers de la Membrane Cellulaire l'équilibre du transfert ionique est altéré et le métabolisme cellulaire subit une série de modifications qui vont du Cytoplasme jusqu'au Noyau.

Les altérations se produisent au niveau des sous-couches les plus superficielles des atomes d'oxygène qui composent les molécules d'EAU INTRA-CYTOPLASMIQUE en produisant automatiquement des variations quantifiées du Champ gravitationnel électronique.

[...] certains atomes d'OXYGÈNE composants de l'eau contenue dans le cytoplasme cellulaire, subissent une excitation dans leurs couches orbitales externes. Les électrons en vibrant émettent des ondes de type gravitationnel.

Ces ondes gravitationnelles ont une énergie énormément plus faible que les ondes radio que vous connaissez (de l'ordre de 10^{-39} plus petit). Mais ce champ gravitationnel altéré provoque un effet de résonance dans les électrons de l'un des atomes de chaque paire qui compose le BAAYIODUU (atome que nous appellerons, car c'est sa dénomination dans notre langue : BAAIGOO EIXUUA et qui est intraduisible) : DYNAMIQUE ou dynamiseur. Autrement dit : il agit comme un récepteur capable de détecter les ondes gravitationnelles émises par l'OXYGENE cytoplasmique et d'enregistrer le message comme s'il s'agissait d'un magnétophone terrestre. Quand un électron s'associe avec un Quantum gravitationnel (appelé par les terrestres GRAVITON) une telle association peut donner lieu à un autre électron avec modification de phase et de position orbitale et à une nouvelle sous-particule qui se dégrade par la suite en se subdivisant en deux autres.

C'est ainsi que les électrons de l'atome de KRYPTON sont INFORMÉS.

Ainsi, les atomes d'oxygène de l'eau intracellulaire émettent des fréquences gravitationnelles captées par les électrons de l'un des 2 atomes de chaque paire de krypton du BAAYIODUU. C'est bien ce signifie que le décodage du mot Oummain BAAIGOO EIXUUA. Autrement dit, lorsque la couche électronique interagit avec une fréquence gravitationnelle, cela impacte un électron précis. Ceci définit le flux des informations provenant du milieu vers le BB-planétaire.

A l'inverse, le BB-planétaire peut transmettre aux électrons du krypton du BAAYIODUU des informations subconscientes qui vont se propager via les atomes d'oxygène de l'eau intracellulaire. Les informations rejoignent ainsi le circuit neuronal.

Une hypothèse est que lorsque le BB-planétaire envoie un ordre de mutation le processus est différent. Le flux gravitationnel du BB-planétaire capté par les électrons du krypton, interagit beaucoup plus directement sur l'ADN via un composé relais. Ce composé relais aurait la propriété de transformer les fréquences gravitationnelles directement en bio-fréquences. Ces bio-fréquences réalisent alors directement la mutation sur le codon ou la base de l'ADN avec lequel elles entrent en résonance.

LES BIO-FRÉQUENCES

Peut-il exister un tel composé-relais entre les fréquences gravitationnelles et les bio-fréquences ?

L'hypothèse de recherche est d'étudier les composés dont le nombre total des protons et neutrons serait égal à celui d'une paire d'atomes de krypton. Nous trouvons que la masse molaire de Kr2 est identique à un composé de GeSi2C3H3 soit environ 167,6 g/mol.

Ce composé-relais, ce bio-tuner, de GeSi2C3H3 ferait donc l'interface entre les paires Kr2 et l'ADN. Il pourrait synchroniser l'ensemble des éléments cellulaires nécessaires au pilotage des mutations dirigées par le BB-planétaire. C'est lui qui protègerait l'ADN contre des mutations indésirables et déclencherait les mutations contrôlées.

Schéma de principe des flux intra-cellulaires Krypton-ADN

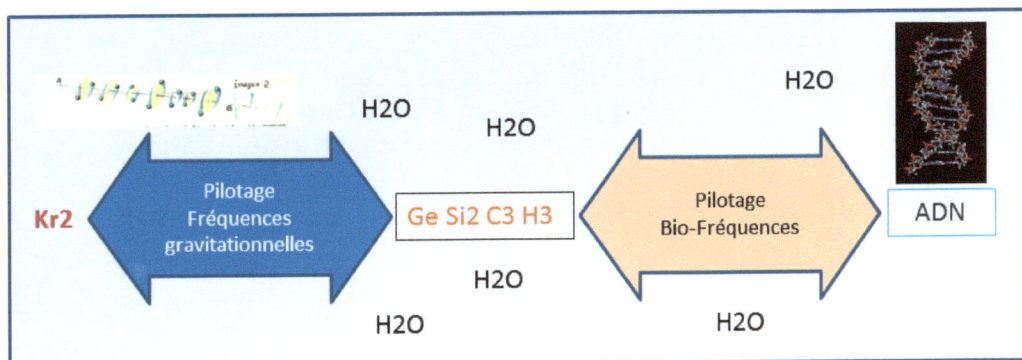

L'hypothèse est que ce composé — le Germanium, le Silicium en particulier — ainsi que différents cristaux et les principaux gaz rares jouent un rôle clé dans le métabolisme cellulaire et les bio-fréquences. De nombreux processus cellulaires seraient sous le contrôle de bio-fréquences via ces éléments. Les atomes de carbone et d'hydrogène pourraient être les atomes d'interface avec les bio-fréquences issues des processus neurologiques. Nous développerons ce point au chapitre *La communication télépathique.*

Le plus connu, le silicium vibre à une fréquence très stable. Cette particularité fait du silicium un excellent récepteur et émetteur d'ondes électromagnétiques. C'est pourquoi il est utilisé à profusion dans la plupart des technologies électroniques.

D41 : Ce sont les impulsions nerveuses qui, grâce aux différents atomes de carbone et d'hélium dont les états QUANTIQUES ont été excités, modifient par résonance les états ordinaires de fréquence Zéro (onde plane) de chaque atome de KRYPTON par effet OWEEU OMWAA. Ainsi les messages de la mémoire, par exemple, vont s'encoder dans ces atomes en forme d'ONDES.

D21 : La fréquence des impulsions d'activation des Centres nerveux situés dans le Plexus Choroïdien ventro-latéral de l'encéphale est de 612^3 cycles par seconde (Unité de fréquence très utilisée en neurophysiologie).

Constante Biogénétique : 65 810. 12^{-10} secondes. C'est le temps mis par l'état quantique pour s'établir dans l'atome de carbone de la chaîne d'acide désoxyribonucléique pour la formation d'un GÈNE.

D731 : L'autre atome de la paire capte l'information du milieu. Cette information arrive en provenance d'une petite masse d'eau intracellulaire ou cytoplasmique et aussi intranucléaire. Autrement dit, ce sont les molécules d'eau qui captent les trains d'ondes de diverses longueurs, non seulement celles de fréquence analogue aux dimensions de la molécule, mais également des longueurs d'onde métriques.

La seconde source d'information est celle des biomolécules et des oligoéléments chimiques qui passent à travers la membrane cellulaire.

[…] dans quelques Univers nous ayons détecté des formes vivantes avec néguentropie […] avec comme élément central le germanium et le silicium.

BAA IODUHU (B.I.) ou bien il protège d'une action mutagène ou bien il provoque lui-même une mutation contrôlée. Un poisson envoie de l'information sur ses gènes et le milieu ambiant, et reçoit seulement [...] des patrons de génotype pour moduler ses mutations.

Selon le microbiologiste E. Guillé, ces séquences redondantes fonctionnent comme des émetteurs et des récepteurs de fréquences électromagnétiques ce qui constituerait une nouvelle fonction possible pour une partie de l'ADN poubelle.

D'après Gianni A. Dotto, en 1971, la charge magnétique du code génétique est maintenue à un niveau approprié par la propriété électrique de la double hélice, qui fonctionne comme un transformateur commun, où la tension primaire et l'enroulement secondaire est proportionnelle au nombre de spires des bobines. Chez l'homme entre 35 et 55 ans une tension de 45 à 70 millivolts maintient une linéarité de 10 paires de bases par tour dans la double hélice d'ADN.

Dans leur synthèse sur les composées à base de Ge Si C, J. Kouvetakis et D. Nesting du Department of Chemistry and Biochemistry de l'Université de Tempe, Arizona, montrent que les alliages Ge Si C sont métastables. Leurs nombreuses propriétés sont liées aux hautes fréquences en particulier, et sensible à de très faibles rayonnements gamma.

En 1973, Tsiang Kan Zheng parait avoir transféré de l'information génétique à l'aide d'un rayonnement bio-électromagnétique à ultra hautes fréquences.

En 1991, Jacques Benveniste transférera un signal moléculaire à l'aide d'un détecteur électromagnétique et d'un amplificateur basse-fréquence.

LES EFFECTEURS DE GeSi2C3H3

Dans les cellules, le germanium a pu être détecté dans les lysosomes, la chromatine condensée et le nucléole. Le rôle physiologique du germanium est actuellement inconnu.

Schéma de synthèse des effecteurs de GeSi2C3H3

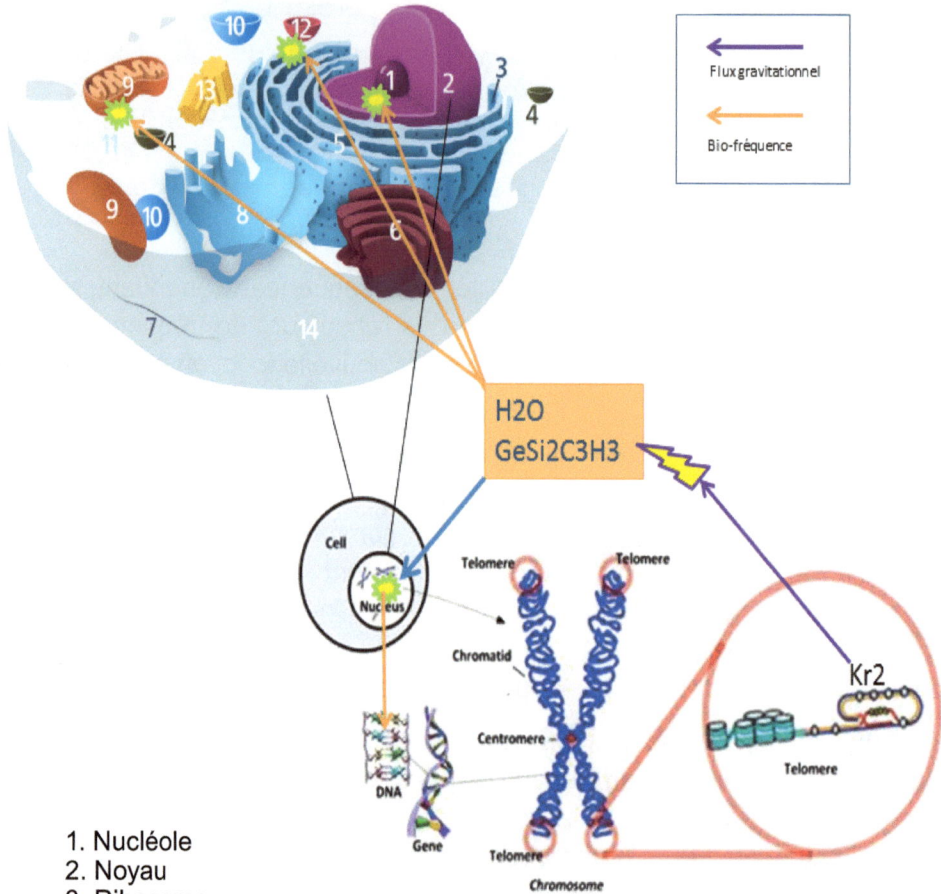

1. Nucléole
2. Noyau
3. Ribosome
4. Vésicule
5. Réticulum endoplasmique rugueux (granuleux) (REG)
6. Appareil de Golgi
7. Cytosquelette
8. Réticulum endoplasmique lisse
9. Mitochondries
10. Vacuole
11. Cytosol
12. Lysosome
13. Centrosome (constitué de deux centrioles)
14. Membrane plasmique

Le germanium est stocké naturellement dans l'ail, le ginseng et surtout le champignon *ganoderma lucidum*. La consommation de ces fameux champignons semble liée à la notion de vieillissement. Traditionnellement les Empereurs des grandes dynasties chinoises et japonaises ont utilisé le champignon en vue de prolonger leur longévité. La recherche chinoise et coréenne a aussi mis en évidence les propriétés de ce champignon pour provoquer l'apoptose de cellules cancéreuses.

Les télomères de l'ADN jouent un rôle majeur dans le vieillissement des cellules. Plus les télomères raccourcissent, plus les cellules vieillissent. Des éléments colloïdaux de platinoïdes de types : rhodium, palladium, iridium, etc., sous leur forme colloïdale peuvent se fixer sur les télomères.

Le généticien Maxim Frank-Kamenetskii a écrit au sujet de l'ADN que : *Les paires de bases sont arrangées comme celle d'un cristal.*

Tout ceci nous incite à penser que le GeSi2C3H3 et certains atomes de germanium disséminés dans la cellule, influent directement ou indirectement sur les lysosomes, les télomères, les séquences de nucléotides de l'ADN et le nucléole dans le processus de réplication de l'ADN.

Globalement le composé GeSi2C3H3 assurerait la synchronisation de l'ensemble des éléments de la cellule impliqués dans le processus de réplication de l'ADN et garantirait ainsi le maintien de l'intégrité de l'ADN, notamment face aux agressions des rayonnements cosmiques ou radioactifs.

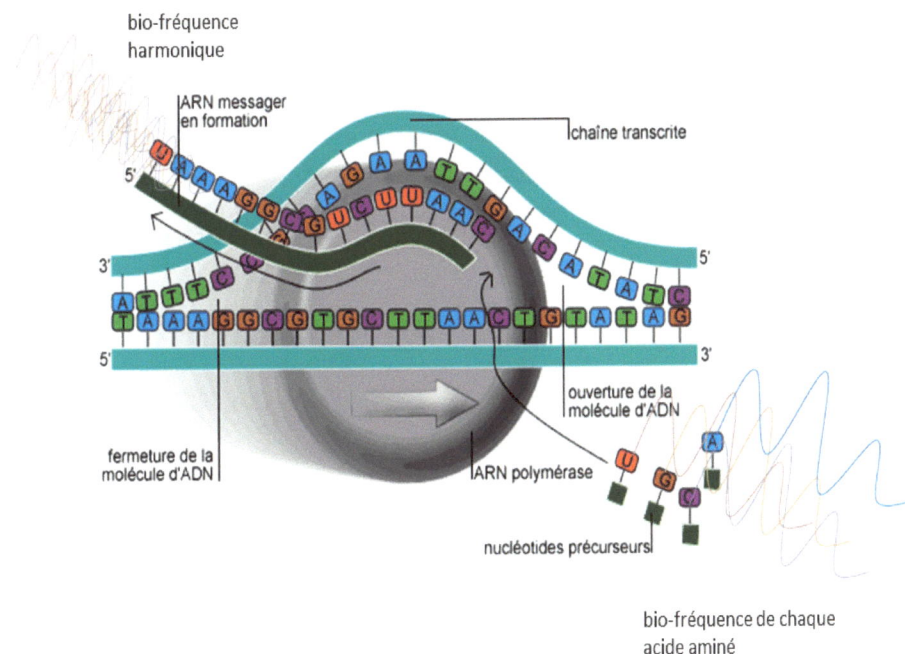

bio-fréquence harmonique

ARN messager en formation

chaîne transcrite

ouverture de la molécule d'ADN

fermeture de la molécule d'ADN

ARN polymérase

nucléotides précurseurs

bio-fréquence de chaque acide aminé

LES FRÉQUENCES DES ACIDES AMINÉS ET DES PROTÉINES

Comme nous l'avons découvert par l'analyse des mots du langage Oummain dans *Présence 2, Le langage et le mystère de la planète UMMO révélés,* chacun des vingt acides aminés émettent une onde dont on peut calculer la fréquence spécifique, suivant les travaux de Joël Sternheimer chercheur à l'Université Européenne de la Recherche à Paris.

Ces ondes sont émises au moment où ces acides aminés, transportés par les ARN de transfert, s'assemblent pour former des protéines. De la même manière, les protéines émettent une harmonique résultant des fréquences des acides aminés. Certaines résonances avec les ondes sonores permettant d'influer sur le cycle protéinique. Ceci a pour conséquence pratique que les fréquences sonores peuvent influer sur le développement du vivant et des plantes en particulier.

CONCLUSION

L'hypothèse est que les BB-planétaires sont structurés en réseaux d'IBOZOO arborescent dont chaque niveau de catégorisation correspond à un niveau d'émergence.

Deux phylums OEMMII d'une même planète ne génèrent pas à proprement parler deux BB-planétaires distincts, mais deux réseaux d'IBOZOO distincts dans le même BB-planétaire.

*Figure 1-p2 : Les êtres vivants communiquent avec le BB suivant des fré-
quences gravitationnelles propres à chaque espèce qui se juxtaposent aux
fréquences de l'astre.*

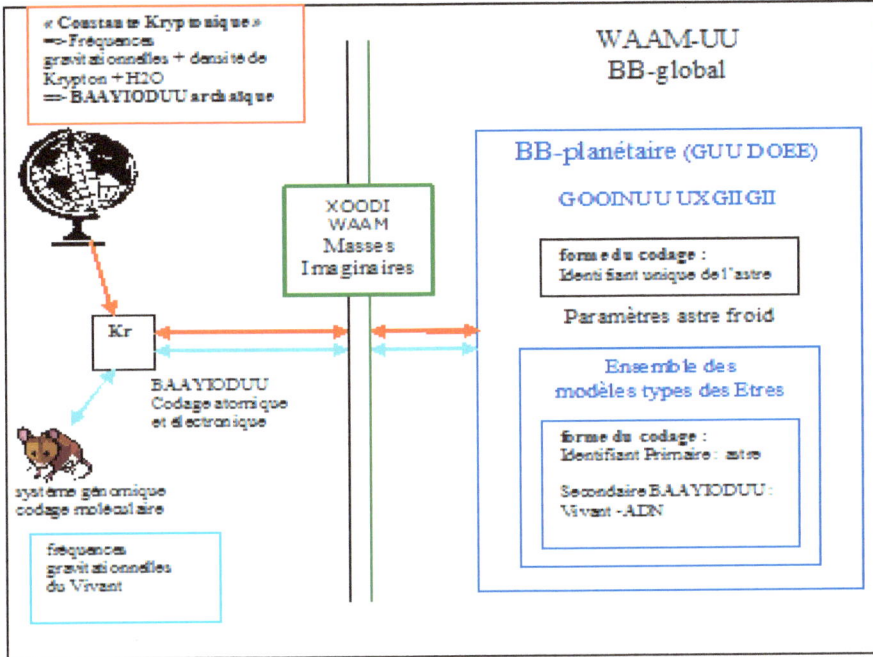

En corollaire, il faut noter que tous les liens entre les configurations
de krypton et le BB-planétaire sont dynamiques. L'ensemble de tous
les modèles types d'êtres vivants possibles évolue dans la fourchette
de ce qui est permis par les paramètres de l'astre froid : le coefficient
BAAYIODIXAA UUDIE. Cette évolution dynamique est bien évidemment très lente en regard de la longévité des êtres vivants, nous
sommes ici à l'échelle des temps géologiques.

Seuls les astres froids qui possèdent des gaz rares, des minéraux
cristallins et de l'eau peuvent voir de développer un BAAYIODUU lié
au BB-planétaire. Il n'y a pas de vie possible sans le rôle d'émetteurs/
récepteurs de bio-fréquences de ces éléments en solution aqueuse.

Ci-contre le schéma de synthèse des flux du pilotage du Vivant :

ADN <-> Bio-tuner <-> krypton BAAYIODUU <-> WAAM-UU [Méta-cerveau planétaire BB]

Encéphale <-> Bio-tuner <-> krypton OEMBUAWE <-> WAAM-UU [Méta-cerveau planétaire BB]

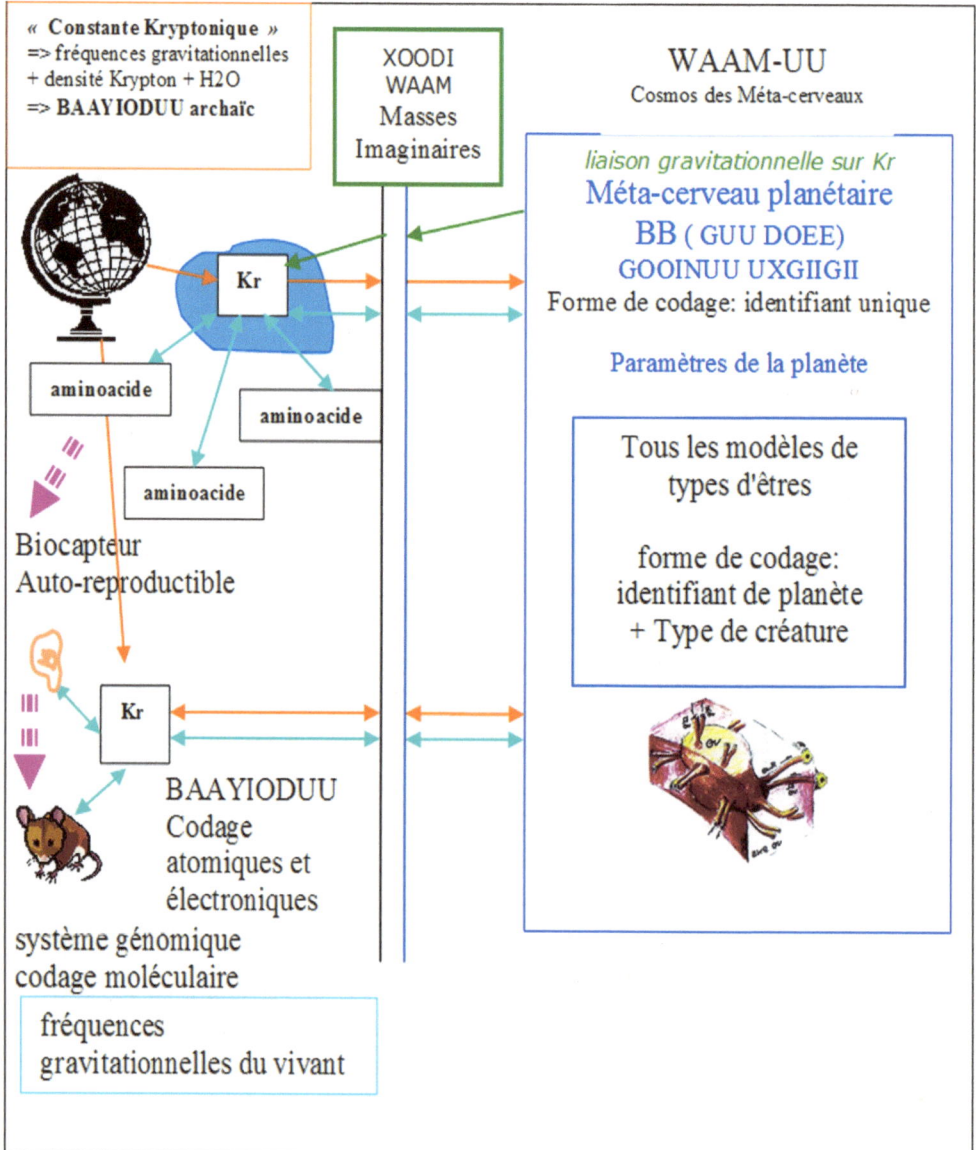

LA GENÈSE DE L'ÂME BUAWA

Nous avons vu dans les hypothèses précédentes comment, compte tenu d'une constante universelle sous-jacente dite constante Kryptonique, le Vivant pouvait émerger de la matière inerte à partir de la constitution du BAAYIODUU archaïque. Puis, lorsqu'il est intégré aux êtres vivants, comment peuvent s'établir les flux de communication entre les entités. Nous allons maintenant examiner la connexion à l'Ame BUAWA.

HYPOTHÈSE SUR LE FLUX D'INFORMATIONS

Le WAAM-U est constitué de facto d'une infinité de BUAWA. Les BUAWA sont initialement vides.

L'hypothèse est que le contenu du BUAWA de l'OEMMII est généré précisément au moment de la fusion chromosomique de la fécondation, en même temps que la mise en connexion du BAAYIODUU avec le BB.

Dans cette fusion chromosomique, chaque gamète haploïde, mâle et femelle, porte une série de 86 atomes de krypton issus de la méiose. La caryogamie, l'assemblage des noyaux des gamètes provoque aussi l'assemblage des paires de chromosomes et donc des paires d'atomes de krypton. Un nouveau BAAYIODUU est créé dans la première cellule diploïde de l'OEMMII, provoquant ainsi l'effet LEIYO de la mise en connexion avec le BB.

Ceci a pour conséquence directe que les jumeaux humains initialiseraient et utiliseraient une seule et même BUAWA.

C'est au cours de l'embryogenèse humaine et a priori des OEMMII en général, lors de la structuration de l'encéphale en particulier, que l'OEMBUAWA se met en place. La constitution de l'OEMBUAWA active la communication avec le BUAWA et avec le BUAWE BIAAEI l'âme collective des OEMMII. Pour les êtres inférieurs qui n'ont pas d'OEMBUAWA, il n'y a donc jamais d'activation de BUAWA, mais l'activation reste potentielle, si l'être vivant évolue.

Le principe d'identification de l'OEMMII décrit pour le lien BAAYIODUU (BB-krypton — être vivant-système génomique), est identique pour le lien OEMBUAWA-BUAWE BIAAEI l'âme collective des OEMMII. Ce lien inclut de facto l'identification planétaire. Il est universel, Multi-cosmos, spécifique à chaque OEMMII et permanent jusqu'à la mort de l'individu. Notons encore une fois, que dans ce cas, les vrais jumeaux ont nécessairement la même BUAWA enrichie avec les informations des deux individus.

L'identification de l'OEMMII avec son BUAWA, est due à la transmission d'un quantum d'énergie consécutivement à une fréquence gravitationnelle précise, comme pour le lien OEMBUAWA-BUUAWE BIAAEI. La résonance gravitationnelle entre l OEMBUAWA et le BUAWA correspond à un simple alignement d'axes entre l'IBOZOO UU porteur de l'information gravitationnelle et la chaîne d'IBOZOO UU du BUAWA. La propagation de l'onde gravitationnelle par effet de résonance aquantique est un effet LEIYO transmis par l'intermédiaire de masses imaginaires qui ne génère pas de masse, mais permet néanmoins d'enregistrer l'information dans la chaîne d'IBOZOO UU du BUAWA. Réciproquement, les informations seront transmises de BUAWA vers l'OEMBUAWA suivant ce même principe.

Le BUAWA est donc composé d'un réseau d'IBOZOO UU pur qui est formé par de grandes chaînes de relations angulaires. Ces grandes chaînes forment à leur tour un substrat étendu ou une matrice où s'engrammera toute l'information de notre vie dans un secteur du réseau et un autre secteur du réseau d'IBOZOO UU pur qui codifie tout un programme d'instructions qui conforment chaque OEMII (1 homme prit dans sa dimension neuronale). Le lien OEMBUAWA-BUAWA correspond aussi à une résonance gravitationnelle spécifique égale à celle qui initialisa le contenu de BUAWA au moment de la fusion génomique, et elle est établie de manière biunivoque et dynamique.

Il semblerait que le libre arbitre humain soit un processus de décision faisant intervenir plusieurs solutions possibles. Il est effectué au niveau de l'encéphale. Le BUAWA ne prend pas de décision, il génère une idée directrice qui est conforme au profil psychique constitué par le réseau d'IBOZOO de BUAWA. Celui-ci pourrait subir diverses influences externes *(voir Hypothèses sur l'influence des configurations planétaires sur le psychisme).*

Ensuite, cette idée directrice est transmise à l'encéphale qui la confronte aux perceptions de l'environnement, aux modèles mentaux transmis par BB. Suivant les indications des Oummains, le libre arbitre est simplement la décision parmi l'ensemble des choix possibles avec environ 70 % des décisions conformes à l'idée directrice de BUAWA. Ces processus conscience-subconscient sont exprimés par les vocables de la famille de EESE.

L'AME ET LE TEMPS

Les idées directrices de l'Ame-BUAWA sont des données stockées. Le flux de ces données d'outre-espace se fait à travers des cosmos de nature totalement différente. Dans le Méta-Cerveau planétaire la vitesse des photons est infinie. Dans l'Ame-BUAWA, il n'y a qu'un seul axe dimensionnel qui stocke les informations. La notion de vitesse photonique ou de temps n'a pas de sens dans ce cosmos. Simplement le stockage d'informations s'y fait dans des chaînes d'IBODZOO comme les bits informatiques des ordinateurs terrestres de notre époque. Sur Terre, dans le cadre tridimensionnel de notre cosmos, le temps est aussi composé d'une chaîne d'éléments discrets d'IBODZOO. Le flux qui relie l'Ame-BUAWA au corps humain via le connecteur OEMBUAWE d'atomes de kryptons, joint les éléments discrets d'IBODZOO des 2 chaînes.

Le flux part de BUAWA, transite dans la couche inter-cosmos XOODII dont la vitesse photonique est infinie.

Ensuite le flux de vitesse infinie arrive dans l'antenne OEMBUAWE dans notre cadre tridimensionnel régit par notre temps composé d'une chaîne d'éléments discrets d'IBODZOO, soit le temps de Planck de l'ordre de $5\,391 \times 10^{-44}$ seconde, correspondant à un angle élémentaire sur l'axe du temps, entre deux nœuds multidimensionnels IBOSDSOO.

Ce qui revient à dire que nous passons donc d'un flux de vitesse infinie, à un flux à la vitesse de notre lumière de 300 000 km/s.

La communication entre l'Ame-BUAWA notre cerveau est donc quasi instantanée. C'est aussi le cas lors de communications télépathiques interhumaines via le Méta-cerveau planétaire BB.

D731 : L'information de notre esprit est transférée également à la psyché. Là-bas, elle est enregistrée sur des réseaux filamenteux d'IBOZSOO UHU. C'est-à-dire sur des chaînes d'IBOZSOO UHU. De même cette structure filaire apparaît sur la séquence d'I.U. qui interagit avec nous, nous dirige. Chacune de ces chaînes d'I.U. est composée d'une infinité (au sens physique) d'angles qui codent l'information.

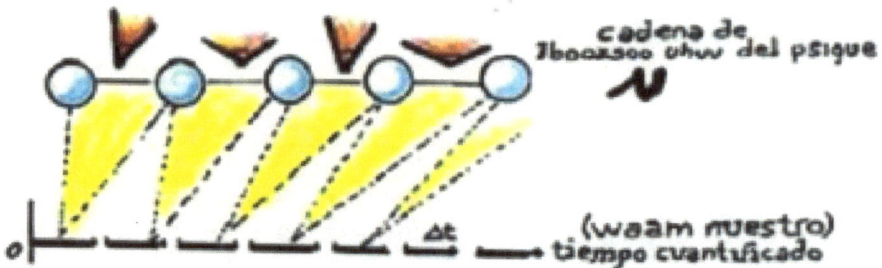

Il existe, comme vous pouvez le voir sur le graphique, une correspondance biunivoque entre les instants de l'axe du temps [le temps est unifié en tant que discret (NdT: composé d'éléments séparés)] et les IBOZSOO UHUU de la psyché. Le temps dans l'Univers est formé d'une succession discrète de QUANTONS TEMPORELS Dt, dont chacun est en relation avec la paire d'I.U. qui code les instructions que l'âme envoie.

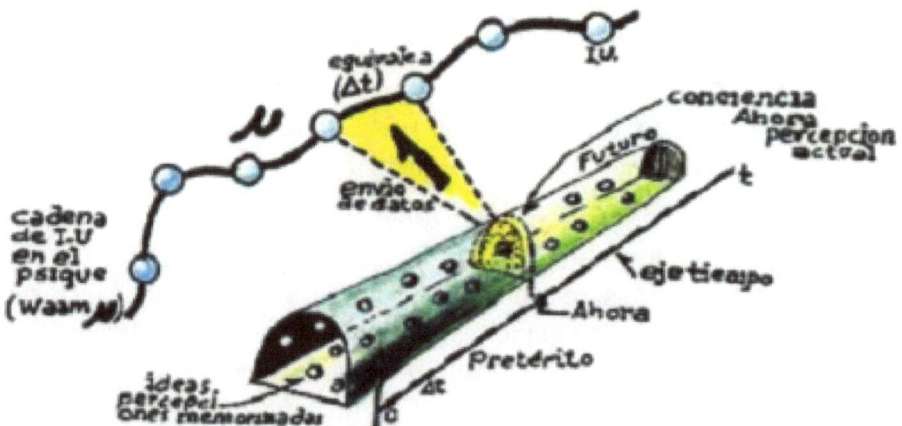

126

DÉMONTRER L'EXISTENCE DE L'AME BUAWA

Il est avéré que dans le cas de la prise de décision d'une action motrice, la décision de l'action est prise dans le cortex frontal puis transmise au cortex pariétal qui génère un potentiel de préparation AVANT la prise de décision consciente.

Dans ce cas, un processus inconscient du cortex frontal-pariétal est identifié comme étant le décideur de l'action motrice. La prise de décision consciente étant simplement réduite à un GO/NO au niveau du cortex moteur, après la décision non-consciente initiale.

Les premières expériences montrant, fortuitement, que des processus inconscients de notre cerveau décident avant nous, ont été réalisées en 1983 par Benjamin Libet et confirmées en 2003-2004 par Angela Sirigu et Patrick Haggard.

D'où viendrait la décision subconsciente ? L'hypothèse de BUAWA explique l'origine de la décision subconsciente des cortex frontal-pariétal...

Schéma des flux d'informations OEMBUAWA-BUAWA, le processus d'une décision d'action motrice serait :

BUAWA -> OEMBUAW -> cortex frontal -> cortex pariétal -> cortex moteur -> prise de conscience -> cortex moteur -> action

« Constante Kryptonique » => fréquences gravitationnelles + densité Krypton + H2O => **BAAYIODUU archaïque**

XOODI WAAM Masses Imaginaires

WAAM-UU
Cosmos des Méta-cerveaux

liaison gravitationnelle sur Kr

Méta-cerveau planétaire
BB (GUU DOEE)
G OOINUU UXGIIGII
Forme de codage: identifiant unique

Paramètres de la planète

Tous les modèles de types d'êtres

forme de codage: identifiant de planète
+ Type de créature

Kr

aminoacide

aminoacide

aminoacide

Biocapteur Auto-reproductible

Kr

BAAYIODUU
Codage atomiques et électroniques

système génomique codage moléculaire

Kr E 2

Kr E 1

Kr E/R

OEMBUUAW
fréquence harmonique gravitationnelle

Unique pour chaque OEMMII

WAAM-U

BUAWA

-> **forme du codage** spécifique à l'OEMMII

Réseau IBOZOO UU "pur" (stockage)
+
Zone de conformation psychique

128

LE CONCEPT ET LES LIMITES DE LA RÉINCARNATION

Usuellement le concept métaphysique de la réincarnation est l'intégration de l'âme liée à un corps humain dans un animal. La simple disparité des êtres nous laisse facilement supposer que ceci n'est pas cohérent, ni réaliste. Mais qu'en est-il de la réincarnation dans un autre corps humain ?

Je commencerai par un témoignage personnel. Un de mes amis, feu Gérard P. qui contribua à l'aventure scientifique de la série Présence, avait un profil psychique particulier, il fut diagnostiqué autiste Asperger. Curieusement, dans ses jeunes années l'enfant Gérard manifesta comportements et aptitudes atypiques, l'une d'entre elles était de connaître de manière qui semblait innée, des équations mathématiques. Des années plus tard, il chercha à quoi correspondaient ces équations et s'aperçut quelles avaient été formulées par Alan Turing, et que ce dernier était donc mort le jour de sa naissance.... La coïncidence apparaissait alors comme un transfert mental entre le mourant et le nouveau-né. Comme nous allons le voir en détail, une interprétation possible est qu'une partie des informations générées par Alan Turing dans le Méta-cerveau planétaire BUAWE BIAEI furent transférées par celui-ci dans la BUAWA du nouveau-né Gérard.

De très nombreuses observations et études scientifiques ont été réalisées sur cette thématique. On peut citer les études de James Parejko, professeur de philosophie à la Chicago State University, sur des sujets hypnotisés, les travaux de William E. Cox, Joel Whitton, professeur de psychiatrie à la faculté de Médecine de Toronto et Joe Fisher dont plusieurs sujets manifestèrent une connaissance de langues antiques et rares sans même en avoir supposé l'existence préalable, d'autres personnes encore identifièrent de manière détaillée et avérée des lieux ou même des personnes de leur vie antérieure. Quant à Ian Stevenson, professeur de psychiatrie à l'École de médecine de l'université de Virginie, il étudia une multitude de cas où les sujets présentaient des manifestations morphologiques, marques corporelles liées à la mort violente de précédente incarnation…

Examinons maintenant les cas possibles liés à la réincarnation. Suivant mon interprétation des documents oummains, il faudrait considérer qu'à la conception d'un être humain par fusion chromosomique, deux choses particulières peuvent se passer :

• De manière exceptionnelle, l'information identifiante de l'âme du nouvel humain correspond à une Ame-BUAWA déjà existante. Et donc ce le nouvel individu va disposer d'une connexion à un patrimoine informatif constitué par l'individu précédent. Bien qu'il y ait des phénomènes psychiques endogènes au cerveau, plus ou moins psychopathiques et des affabulations, le sentiment d'avoir vécu quelque chose dans une vie antérieure pourrait alors ne pas être infondé… Certains individus pourraient ainsi avoir hérité d'âmes très anciennes et très riches en informations cumulées, remontant aux premiers *Homos habilis.* En corolaire, nous pouvons nous interroger si, en plus du contexte culturel, les individus qui disposeraient de BUAWA aux contenus informatifs les plus riches sont aussi les humains qui disposent des capacités prospectives les plus développées ?

• Un nouvel humain se connecte à une cellule Ame-BUAWA vide. C'est très probablement le cas général. Mais, dans certains cas particuliers à l'initiative du Méta-cerveau BUAWE BIAEI, celui-ci décide de transmettre un contenu informatif spécifique à la BUAWA vide. Nous pouvons imaginer que cette action a pour objectif de modifier le réseau social directement via le nouvel humain.

Nous percevons à travers cette vision des choses que le libre arbitre humain pur est encore plus limité que nous l'imaginons fréquemment. L'humain paraît agir librement, mais en piochant ses pensées dans des contenus informatifs déjà bien remplis, le travail du neuro-encéphale consistant à faire des arbitrages et produire une pensée adaptée à l'environnement physique réel de l'humain…

H3 — La nouvelle âme qui naît peut être imprégnée… elle peut recevoir une information procédant de l'Âme collective. En ce sens l'information qu'elle reçoit procède des autres âmes. En ce sens, oui la réincarnation serait admissible. Cela d'une certaine façon, c'est en elle une information de l'Âme Collective.

H4 — la résurrection peut se produire, vous savez que votre conscience universelle persiste dans un autre cerveau. Ce n'est pas une réincarnation. La conscience peut persister dans un autre corps (quand les caractéristiques de l'individu coïncident, comme un gant peut aller bien à une autre main).

Nous voyons à quel point l'humain corporel semble être peu de chose au regard de l'influence des objets cosmologiques métaphysiques qui guident ses actions. Comme nous l'avons vu, c'est le sens du mot oummain BUAWA : Interconnexion génératrice des actions.

Un point de complémentaire serait de considérer l'humain comme étant le cumul de sa dimension corporelle et de la dimension extracorporelle, c'est-à-dire avec son Ame-BUAWA.

C'est ce que nous avons évoqué dans *Présence 2, Le langage et le mystère de la planète UMMO révélés* avec l'analyse du sens du mot OEMMII indiquant l'association du corps physique OEMII avec une frontière qui serait l'Ame-BUAWA. Ceci se résumerait par :

OEMII (corps physique) + Ame-BUAWA = OEMMII (l'humain)

ERREURS D'IMPRÉGNATION DE BB

Le trouble dissociatif de l'identité ou trouble des personnalités est connu comme un trouble mental défini en 1994 suivant un ensemble de critères diagnostiques comme un type particulier de trouble dissociatif.

Il concerne au minimum deux personnalités qui prennent systématiquement contrôle du comportement de l'individu avec une perte de mémoire allant au-delà de l'oubli habituel. Certains patients peuvent avoir 10 personnalités distinctes, identifiables par des cartographies mentales distinctes, des pathologies spécifiques à chaque personnalité allant de l'allergie au diabète… Chacune de ces personnalités étant en soi normale…

Tout se passe comme si un seul corps physique avait été doté de plusieurs Ames…

L'hypothèse est que l'imprégnation des données de BB dans l'Ame au moment de fusion chromosomique s'est mal passée. BB aurait imprégné l'Ame avec plusieurs trains de données de personnes différentes. Probablement en segmentant différentes zones dans BUAWA au lieu de mixer toutes les données dans une même zone... Du coup, l'OEMBUAWE, le cerveau de la personne accèderait alternativement à ces différentes zones…

L'INTÉGRATION DE BUAWA AU MÉTA-CERVEAU PLANÉTAIRE

A la mort d'un humain OEMMII, se produit un phénomène d'agglutination de l'entité cosmologique BUAWA avec son Méta-cerveau planétaire du cosmos WAAM-UU.

Cet appariement entre ces entités de ces deux cosmos, WAAM-UU et WAAM-U, si différents nécessite la mise en œuvre d'un lien inter-cosmos. Le lien entre le BUAWA mono-dimensionnel et le BB-planétaire penta-dimensionnel se fait via une chaîne d'IBODSOO. L'Ame-BUAWA du défunt peut alors échanger des flux d'informations transitant par le BB-planétaire. Ceci permet les communications avec toutes les autres Ames-BUAWA des défunts et potentiellement avec les effecteurs OEMBUAWA des cerveaux humains.

Il est aussi possible à cette Ame-BUAWA intégrée d'accéder aux autres BB-planétaires et à toutes les autres Ame-BUAWA intégrées dans ceux-ci. Après la mort physique des humains OEMMII du cosmos, toutes leurs Ame-BUAWA peuvent communiquer entre-elles par l'entremise des BB.

Le processus d'intégration d'Ame-BUAWA est plus au moins long et l'intégration plus ou moins complète. J'émets là l'hypothèse que ce soit directement sous le contrôle du générateur cosmogonique WOA. Ce serait lui qui déciderait de la pertinence du degré d'intégration du flux de l'Ame-BUAWA dans un BB-planétaire.

Nous pensons que ce processus d'intégration de l'Ame-BUAWA peut aussi subir des perturbations plus ou moins fortes au moment du décès et être la cause de phénomènes dits paranormaux que nous allons expliquer dans les chapitres suivants.

D731 : LA MORT (ESCHATOLOGIE D'UMMO) Quand se produit une destruction des derniers éléments du réseau de krypton (non pas l'annihilation des atomes, mais celle des liens ou des nœuds du réseau), la mort survient. Cette annihilation coïncide précisément avec la désintégration de certains réseaux neuroniques de l'encéphale. (un arrêt cardiaque implique l'absence d'irrigation sanguine, un manque d'apport d'oxygène et de glucose au réseau histologique neuronique, la dégénérescence tissulaire et la mort).

La mort de l'OEMII coïncide donc avec la désintégration de l'OEMBUUAAW (les atomes de Kr retournent à leur comportement quantique), UN EFFET FRONTIÈRE DISPARAÎT donc, et apparaît un quatrième EFFET leeiyo WAAM. Un réseau d'I.U. s'intègre entre les deux WAAM adjacents : WAAM-U et WAAM-UU.

L'âme et B.B. se relient entre eux. Ceci veut dire, comme nous le révélons dans un autre rapport, que notre psyché accède au stade maximal d'intégration dans le psychisme collectif.

Ceci est le sens de la transcendance sur UMMO. Nous savons qu'à notre mort surviendra une fusion, une intégration, une liaison étroite de la psyché, de notre esprit (ni matériel, ni immatériel, mais matrice de toute l'information de notre vie) avec le psychisme collectif universel.

Nous pourrons nous connecter plus intensément avec les êtres chers, communiquer avec les esprits des autres frères décédés, participer à la connaissance planétaire de toute la biosphère, non seulement des OEMII qui viennent de mourir, mais encore avec tous les humains depuis que naquit la vie sur OYAAUMMO (et, bien sûr, pour vous, depuis les Homo habilis jusqu'au dernier de vos frères).

Est également possible la connaissance du monde réel y compris des êtres vivants puisque B.B. est informé de tout le processus vivant des êtres qui ne sont pas encore décédés.

Ceci signifie que l'OEMMII décédé, par l'intermédiaire de sa Psyché peut d'une certaine façon influencer ses êtres les plus chers grâce aux inconscients et, à un certain degré aussi les choses qui les entourent, dans la mesure où la biosphère modifie le milieu physique ambiant par l'intermédiaire des êtres vivants.

B.B. est le Psychisme collectif. Nous pouvons également l'appeler subconscient ou inconscient collectif, dans la mesure où ses contenus sont opérationnels, mais ne sont pas rendus conscients à nous autres ÊTRES — VIVANTS.

Le Psychisme d'un être frère décédé peut, et de fait le fait parfois, nous assister, nous protéger et parfois en interagissant de façon TRÈS ACTIVE, mais la plupart du temps, en modulant doucement notre inconscient à travers l'information que nous recevons du BB.

Le psychisme ou l'âme, libérée des liens entité => BUAWA et de l'OEMII (ou corps physique) — déjà décomposé —, commence une étape éternelle de connaissance joyeuse de B.B., non seulement il assimilera au fur et à mesure une culture millénaire accumulée par des siècles de vie de tous les êtres humains, mais encore il pénètrera dans la science, l'art, en somme toute la culture d'une humanité planétaire.

Il ressentira sans doute aussi les souffrances, mais compensées par la profonde connaissance des U.A. et vies morales et euthymiques des êtres.

De plus : comme participant au WAAM, il pourra accéder aux éternels secrets de tout le WAAM-WAAM, assistant à l'évolution perpétuelle de ses galaxies, étoiles et formations massiques diverses.

D357 : A l'instant de la mort, O., c'est-à-dire les atomes de krypton, cessent d'exercer leur fonction. Mais au contraire, B. (l'âme) se connecte complètement par l'intermédiaire des valves qui unissent les deux WAAM (WAAM-UU et WAAM-U) de sorte que cela équivaut à une véritable intégration quasi totale de l'âme dans l'âme collective, où elle participe à toutes les connaissances accumulées par l'humanité.

Ceci est notre connaissance scientifique de la transcendance après la mort d'un OEMII.

Un réseau d'IBOZSOO UHUU agit comme une valve entre B. (l'ÂME) située dans le WAAM-U et le B.B. inséré dans le WAAM-UU, permettant une intégration quasi absolue entre les deux entités. C'est WOA (GÉNÉRATEUR ou DIEU) qui fixe les caractéristiques de cette chaîne d'I.U. (valve d'information) en un temps déterminé.

Si l'OEMMII, dans les domaines où il est responsable et libre, tout au long de sa vie a violé les lois UUAA (ÉTHIQUES), il est nécessaire de transformer la structure de son information codée dans BUAWA. N'oubliez pas que l'ÂME ne pense pas, que c'est une simple matrice de données gelée. Elle ne peut traiter son propre monceau d'informations qu'uniquement avec l'aide de B.B..

La psyché BUAWA peut se voir condamnée à souffrir de la lente capacité d'utiliser son propre EGO (information codée en son sein) et à ne pas participer à la complexité dense de B.B..

Mais WOA peut, si l'homme a respecté les normes morales pendant son existence ou après la correction de sa structure une fois décédé (reconformation), permettre que ce réseau d'I.U. lui offre un flux de communication excessivement plus dense que celui que nous expérimentons dans le cours de notre existence comme êtres vivants dans notre WAAM.

Dans ce cas, l'intégration du BUAWA (ÂME) dans le B.B. est si intense que celle-ci partage l'immense volume de données de l'ÂME COLLECTIVE. Sa vision intellectuelle de WOA (Dieu) s'accroît. Elle pénètre dans la connaissance profonde du Cosmos, de l'évolution des êtres, des vastes connaissances (information intellectuelle et affective) contenues dans le B.B..

Observez que, d'une certaine façon, cette notion eschatologique coïncide, avec une certaine exactitude, avec l'estimation théologique du christianisme d'OYAAGAA sur le salut.

Ce que vous appelez le Purgatoire est dans ce cas le processus de RECONFORMATION, qui se réduit au fait que WOA limite à un certain degré cette participation de B. dans B.B., en réduisant à des degrés différents la valeur du Canal ou valve qui sépare les deux WAAM : (WAAM-U et WAAM-UU).

Ce que vous appelez GLOIRE ou SALUT est l'intégration complète de l'Âme, non pas exactement en DIEU, mais dans une si grandiose création de WOA comme l'est le B.B. (ESPRIT COLLECTIF). Nous pouvons imaginer la merveilleuse extase ou jouissance que notre esprit peut expérimenter, non seulement du fait que soit permis que l'information enregistrée en lui soit traitée d'une manière fluide (l'esprit par lui seul ne pourrait le faire), mais encore en participant et en bénéficiant de TOUTE l'immense information contenue dans le WAAM-WAAM

Par l'intermédiaire du BB il pourra communiquer avec les autres BUAWA de ses frères décédés, et comme chaque BB participe de la matrice d'information imprimée dans le WAAM-UU depuis le moment de sa création ou génération (N'oubliez pas que WAAM-UU a pour but de conformer les singularités de tout l'ensemble du WAAM-WAAM.), son esprit pénètrera dans les secrets les plus intimes du Cosmos multiplanaire (les Univers).

EXTRAITS DE GR1-4, TRADUCTION CORRIGÉE, TEXTE REFORMULÉ ET COMMENTÉ, À PARTIR DE L'ORIGINAL.

Note du destinataire: "Les traits et les couleurs du dessin ont été changés et peuvent ainsi permettre d'identifier à l'avenir, s'il n'y a pas eu de fuite de l'original, celui qui se revendiquerait être l'auteur de ce dessin"

Quand l'OEMMII meurt, BUAAWA (en réalité un petit nombre d'atomes de Krypton situés dans les colonnes de ce que vous appelez le Néocortex) «lance» un signal à BUUAAWAA BIIAEII, lequel, grâce à (un effet frontière) LEEIOO WAAM, traite ces atomes en transformant cet ensemble d'éléments de matière physique avec charge électrique et support d'information, en unités pures d'information (l'effet frontière permet le passage du codage électro-chimique en «bits» d'information dans un autre cosmos).

L'énergie transmise s'incorpore aux filaments de BUAWAA BIAEII comme un ajout énergétique.

...

Le BUAWWAA de l'OEMMII reste dans l'état de ce que Vous appelleriez «latence permanente» et cela le sera jusqu'au décès de l'OEMMII qui la porte, dans l'univers BUUAWAA (GR1-4-1), chargée de l'information PRIMITIVE (CECI EST TRÈS IMPORTANT) - primitive signifiant une transconnexion spécifique initiale, d'IBOZOOUU qui a lieu une seule fois – au moment de la conception - dans la vie de l'OEMMII. Cette configuration initiale d'IBOZOOUU initialise le contenu de la BUAWA.

Nous appelons cette nature spéciale de l'information : BUAWAA AMIEAYOO WADOXII : Il existe un «état de l'information», en forme de «paquet» de tout ce que l'OEMMII fera ou ressentira dans sa vie avec ses sensations, mais aussi avec ses pensées, idées, intentions, désirs, etc..., bien que l'OEMMII ait été récemment conçu, et cette information est transmise en une seule fois au WAAM BUAAWAA (GR1-4-2).

Ce qui est pour Vous est un grand mystère, est cependant très réel, et a été exprimé mathématiquement sur UMMO il y a maintenant longtemps. Nous devons cependant confesser que cela a été expérimenté de manière statistique avec des mathématiques probabilistes et moyennant d'énormes preuves de succès, mais pas complètement irréfutables. Nous sur UMMO le prenons, cependant, comme un paradigme scientifique provisoire.

...

Quand l'OEMMII meurt, le paquet d'information qui a constitué OEMMII (a priori augmenté de l'information transmise tout au long de sa vie) , «est projeté» dans BUUAAWAA BIIAEII par l'intermédiaire de l'effet frontière LEEIOO WAAM.

BUAAWA BIAEII récupère alors l'information contenue dans le BUAWAA de ce que fut OEMMII, ET LA COMPARE AVEC L'ARCHETYPE (WOAIYIIBUAA) QUE BB AVAIT PREALABLEMENT *PRÉPARÉ* POUR CETTE ÂME PRECISE

établissant à partir de ce moment un lien permanent entre ladite BUAWAA et une cellule ou «niche» (XAABII BUAWAA OYORII BIAEII) qui se trouve dans BUUAAWAA BIIAEII et qui contient une espèce de «BUAWAA miroir» comme nous dénommions plus haut (qui n'est qu'une BUAWAA spécifique idéale créée directement par WOA en conformité à AIIODII)

à laquelle passeront en quantités discrètes les groupes homogènes d'information contenus dans BUAWAA (Par exemple un discours prononcé dans sa vie par l'OEMMII, ou une lutte corps à corps avec un frère, ou une copulation entre GEE et YIEE).

Ladite «niche» a un «dispositif» ou BUABIIAEE ULUNIE qui sert à transmettre l'information contenue dans d'autres niches comparables à la cellule en question – c'est BUAAWEE BIAEEII qui décide le flux et le moment de passage de cette information.

Quand l'information contenue dans l'archétype prévu pour cette âme devient égale à l'information de la cellule en question nous disons que l'âme est reconformée.

De manière simplifiée, nous pourrions dire qu'à la fusion chromosomique d'un spermatozoïde et d'un ovule humain, le BB initialise une Ame BUAWA avec un paquet d'information. Nous pourrions appeler ce paquet d'information le DESTIN, ou bien FEUILLE DE ROUTE, de toute notre vie prévue.

Néanmoins, le DESTIN, ou bien FEUILLE DE ROUTE, pourra se modifier avec des évènements dus au hasard de la matière physique qui échappe au contrôle du BB et dans une partie par le libre arbitre. L'individu incrémente et complète l'information de l'Ame BUAWA tout au long de sa vie.

Par ailleurs, BB créé pour lui, un double de la BUAWA initiale, la BUAWA miroir.

138

Et dans ses structures, BB dispose de modèles, d'archétypes WOAIYIIBUAA, de BUAWA dont il aura besoin pour faire évoluer l'humanité qu'il gère.

A la mort de l'individu, BB connecte la BUAWA à une « niche » qui contient la BUAWA miroir. BB gère plusieurs dispositifs de transfert et contrôle des informations de ces types d'objets. BB filtre les informations entrantes dans la « niche » et de facto dans la BUAWA miroir, en s'alignant sur l'archétypes WOAIYIIBUAA de BUAWA prévu.

Quand la « niche » et de facto dans la BUAWA miroir augmentée est égale à l'archétype WOAIYIIBUAA de BUAWA prévu, la BUAWA miroir augmentée est opérationnelle, les gens de UMMO disent que la BUAWA de l'individu a été reconformée (dans la BUAWA miroir augmentée).

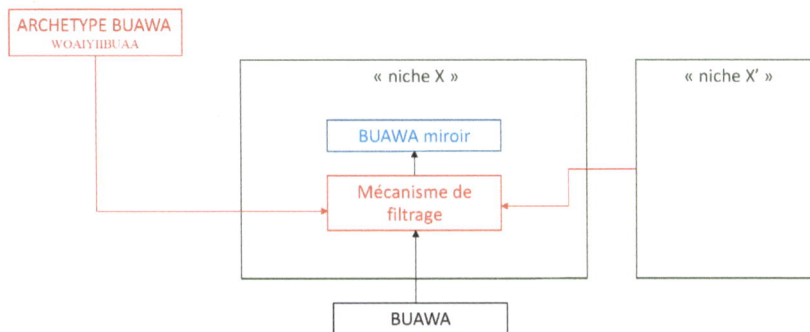

A la mort de l'individu, BB connecte sa BUAWA à une « niche » qui contient la BUAWA miroir. BB gère plusieurs dispositifs de transfert et contrôle des informations de ces différents objets. BB filtre les informations entrantes dans la « niche » et de facto dans la BUAWA miroir, en s'alignant sur l'archétype de BUAWA prévu WOAIYIIBUAA.
Quand la « niche » et de facto dans la BUAWA miroir augmentée est égale à l'archétype de BUAWA prévu WOAIYIIBUAA, la BUAWA miroir augmentée est opérationnelle, les gens de UMMO disent que la BUAWA de l'individu a été reconformée (dans la BUAWA miroir augmentée).

7

12 345 6 8 910 111 213

L'INFLUENCE DES ASTRES SUR LE PSYCHISME

Nous avons vu dans les hypothèses précédentes comment les BB-planétaires et les BUAWA étaient initialisés, et quels étaient les flux qui pouvaient être mis en jeu. Ainsi, le BUAWA génère une idée directrice qui est conforme au profil psychique constitué par le réseau d'IBOZOO de BUAWA et qui pourrait subir diverses influences externes.

Paradoxalement, sur ce sujet nous disposons de divers éléments vérifiables et pourtant il pourra paraître comme plus spéculatif et plus dérangeant que les sujets précédents. Ceci est dû au fait qu'en plus des difficultés d'expérimentation, la recherche politiquement correcte catalogue au rayon des tabous ce sujet connu, mais mal-traité, aux deux sens du terme. Les chercheurs qui à ce jour ont osé l'aborder se comptent sur les doigts d'une seule main. Je me ferai donc peu d'amis en abordant ce sujet propre à faire couler beaucoup d'encre... Précisons, si nécessaire, que les horoscopes des journaux ne correspondent en rien à des configurations planétaires réelles, et qu'ils contribuent à maintenir le tabou. L'origine du tabou, vient du fait que les systèmes empiriques antiques décrivaient des relations entre le psychisme et une vision Ptoléméenne géocentrique des planètes. En découvrant la nature héliocentrique du système planétaire, l'on conclut un peu vite, que les systèmes empiriques antiques comme le Zodiaque, étaient eux aussi erronés. En fait, il est évident que l'on peut très bien calculer la vue géocentrique des planètes à partir de la configuration héliocentrique réelle des planètes, mais le bébé a été jeté avec l'eau du bain.

En ce qui concerne la gravitation, nous le savons tous, mais je crois qu'il est bon de le rappeler : à ce jour aucun graviton n'a été trouvé. La seule chose que l'on sache vérifier c'est la manifestation d'une force liée aux masses.

Devant cet océan d'inconnu, la nature de la gravitation elle-même reste très mystérieuse, et tout ce que l'on peut dire sur les fréquences gravitationnelles est donc très spéculatif. Je considérerai que ces ondes ont au moins les propriétés communes aux ondes connues.

Parmi les rares travaux sérieux sur le sujet, l'on peut noter deux hypothèses distinctes. La première hypothèse développée en 1974 par D. Verney suppose que ce sont les effets gravitationnels des configurations planétaires qui entrent en résonance avec le psychisme, et la seconde présentée en 1988 par P. Seymour, suppose que ce sont les phénomènes électromagnétiques produits par les configurations planétaires qui influent sur le psychisme.

En 1990, à la suite des travaux de D. Verney et de R. Penrose, j'ai prolongé ces approches en imaginant qu'il devait exister un effet de résonance gravitationnelle des astres sur un effecteur cérébral quantique. Cette réflexion spéculative fut exprimée dans le cadre d'un roman *Acid Jones et le temple de la science* publié en 1995 sans connaître les documents oummains et donc sans être en mesure de développer cette idée...

Dans ce chapitre nous allons donc développer cette idée avec l'éclairage des documents oummains.

LE CONTEXTE DE L'HYPOTHÈSE

Indépendamment des caractères purement phénotypiques de structuration cérébrale influant sur le comportement, nous allons examiner l'hypothèse de facteurs complémentaires qui pourraient influer sur le comportement et les décisions prises par un humain.

```
D57-3 | T1B — 13/19 : Nous ne connaissions pas la
   valeur du coefficient BAAYIODIXAA UUDIII (intradui-
   sible : la science biologique terrestre n'a pas
   encore développé ce concept si important). Il
   s'agit d'une formule qui exprime les conditions
   d'équilibre biologique qui se mesurent dans un
```

```
milieu donné. Chaque OOYAA (Planète) possède des
conditions particulières qui permettront ou non
l'existence d'un cycle biologique du carbone dans
sa troposphère. Le développement biogénétique
de la morphologie des animaux et végétaux sera
fonction d'une série de constantes physiques.


La formule qu'exprime le BAAYIODIXAA UUDIII est
une fonction complexe dans laquelle sont intégrés
une multitude de paramètres comme : Accélération
de la Gravité, Ozonisation de l'atmosphère, inten-
sité de radiation Gamma, pression et composition
atmosphérique, spectre et radiation solaire,
cycle gravitationnel d'éventuels satellites et
des planètes voisines, gradients électrostatique
atmosphérique, courants électriques telluriques,
etc, etc... qui, avec la composition (en pourcen-
tage) des éléments chimiques de l'écorce de la
Planète, permet de prévoir qu'elle sera l'orien-
tation évolutive des êtres vivants indépendam-
ment d'autres facteurs qui peuvent l'altérer, par
exemple des radiations qui provoquent des muta-
tions et auto-sélections par l'influence imprévi-
sible du milieu.
```

L'HYPOTHÈSE ÉLECTROMAGNÉTIQUE

Les influences électromagnétiques sur le corps humain sont les moins mal connues... Rappelons simplement que leurs impacts concernent des processus biologiques, biochimiques, neurologiques, à l'échelle moléculaire et non pas à l'échelle quantique au niveau des électrons.

L'influence des phénomènes électromagnétiques sur le psychisme, est donc possible sur les structures neuronales, donc a posteriori indépendamment des processus psychiques proprement dits.

Par ailleurs, les impacts électromagnétiques qui modifient les processus biochimiques du corps, peuvent être pathologiques, a priori ce qui n'est pas le cas pour l'impact de phénomènes micro-gravitationnels.

Quant aux impacts électromagnétiques sur les capteurs de variations de champs des magnétiques, comme les cristaux de magnétite dans le cervelet par exemple, ils induisent des modifications comporte-mentales ponctuelles, comme n'importe quel autre type de perception.

Les phénomènes électromagnétiques impactent les processus biologiques, mais nous n'avons pas identifié d'impacts structurants sur le psychisme pour les énergies considérées.

L'HYPOTHÈSE GRAVITATIONNELLE

Nous savons d'après les documents oummains, que l'OEMBUAWA est un effecteur gravitationnel. Il émet et capte divers flux gravitationnels, dont j'ai présenté des schémas dans les documents précédents. Nous avons vu aussi précédemment, que c'est au moment de la fusion chromosomique que le BAAYIODUU se connecte au BB, et que les êtres vivants communiquent avec le BB par des harmoniques gravitationnelles spécifiques. C'est à ce moment aussi, qu'a lieu la génération du contenu de BUAWA et que l'Ame, contenait un secteur du réseau pur d'IBOZOO UU qui codifie tout un programme d'instructions qui conforment chaque OEMII. Cette zone de conformation est donc créée par un flux gravitationnel au moment de la fusion génomique, d'une manière unique, propre à chaque individu. Elle conforme la conduite de l'OEMII, c'est-à-dire qu'il contient le modèle psychologique de l'OEMII, c'est-à-dire son profil psychologique.

Par ailleurs, nous savons que le coefficient d'évolution du vivant, le BAAYIODIXAA UUDIE, peut être calculé à l'aide d'une formule comportant de multiples paramètres propres à l'astre. Le cycle gravitationnel d'éventuels satellites et des planètes voisines est un paramètre impliqué dans l'évolution du vivant.

L'hypothèse est donc que la structuration du profil psychologique, c'est-à-dire l'initialisation de la zone de conformation psychique dans le BUAWA, qui est réalisée une fois pour toutes et dans sa complétude, résulte de trois facteurs :

- l'information identifiante de l'astre

- la constitution du système génomique lors de la fusion chromosomique

- les paramètres qui peuvent modifier le flux gravitationnel, générateur du profil psychologique, au moment de la fusion chromosomique

LE PREMIER FACTEUR DE STRUCTURATION

Le système génomique classique est le facteur principal de la structuration du profil psychologique. Il est lié aux profils archétypes dans le Meta-Cerveau BB et il modélise le profil psychologique dans Soul-BUAWA par une fréquence spécifique gravitationnelle au moment de la fusion génomique. Il inclut de facto les informations identifiantes de l'astre.

Elle est liée aux profils archétype est le Meta-Brain BB et il modélise le profil psychologique dans Soul-BUAWA par une fréquence spécifique gravitationnelle à la fusion génomique.

LE SECOND FACTEUR DE STRUCTURATION

La phase de structuration

Parmi les paramètres structurants liés au BAAYIODIXAA UUDIE, il y en a un qui est de nature gravitationnelle. C'est le cycle gravitationnel d'éventuels satellites et des planètes voisines. Suivant mon hypothèse, c'est donc bien ce paramètre qui contribue, partiellement, à modeler la zone de conformation psychique au moment de la fusion génomique.

Les sources gravitationnelles exogènes de la planète courante, donc les astres voisins en particulier, juxtaposent leurs ondes gravitationnelles aux impulsions gravitationnelles qui sont produites au moment de la fusion génomique. L'ensemble des ondes gravitationnelles correspondant aux impulsions initiales, constituera des harmoniques gravitationnelles donc en phase avec la fréquence de base, mais avec une information distincte. La totalité de l'information est ainsi transmise et génère le profil psychologique dans la zone de conformation psychique du BUAWA, une fois pour toutes et dans sa complétude.

Par le fait, ce sont les configurations planétaires qui contribuent à modeler la zone de conformation psychique de chaque OEMMII. La valeur informative des configurations astronomiques résulte des valeurs de leurs forces gravitationnelles. Plus précisément, ce sont les différentiels de ces valeurs par rapport au champ gravitationnel de l'astre de l'OEMMII qui auront une valeur informative.

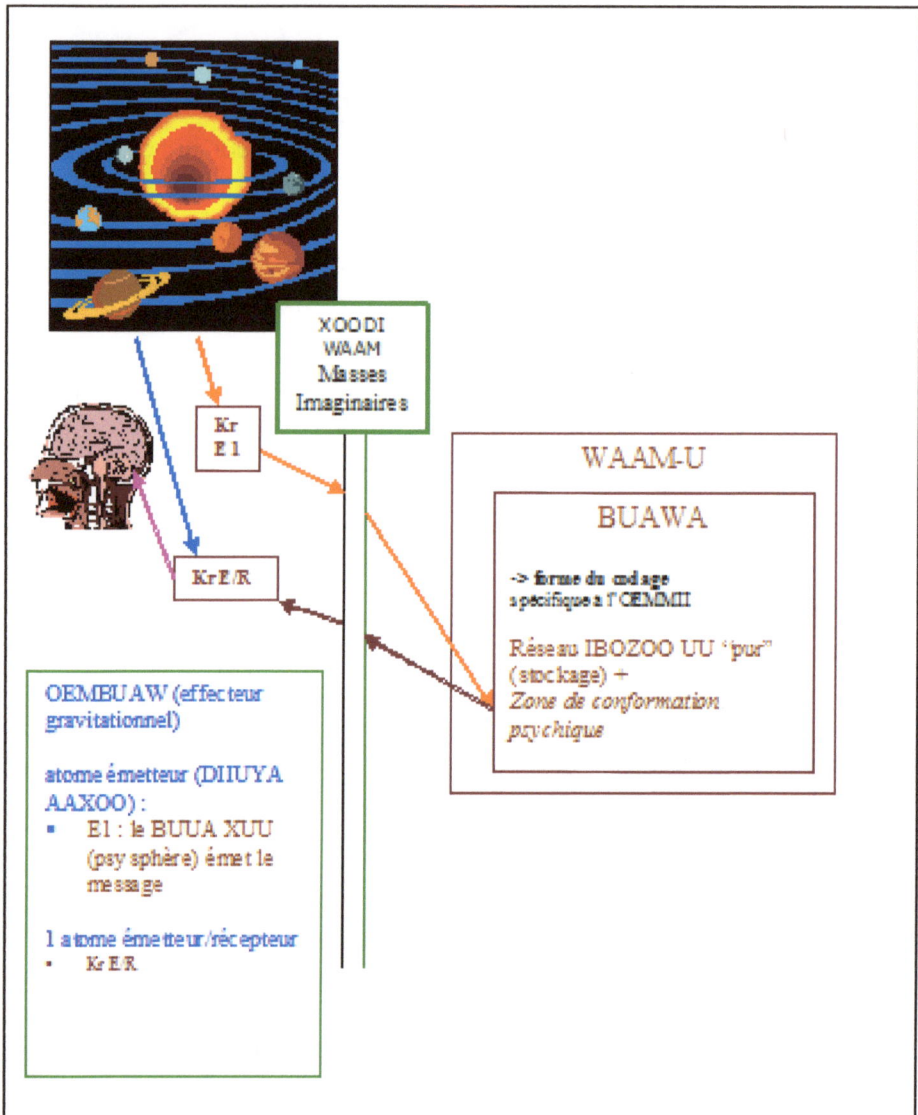

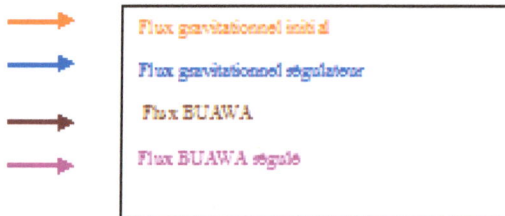

Flux gravitationnel initial

Flux gravitationnel régulateur

Flux BUAWA

Flux BUAWA régulé

146

LA COMMUNICATION TÉLÉPATHIQUE

L'évolution des êtres vivants les conduit nécessairement à se connecter à leur BB-planétaire, à un BUAWA et à développer diverses formes de communication.

La communication orale des êtres humains semble être généralement suivie par le développement de diverses formes de communications télépathiques. Le principe de la communication télépathique semble être globalement le même pour tous les OEMMII, mais les différences physiologiques ne permettent pas toujours les communications inter-espèces.

Les documents oummains nous répondent globalement sur le fonctionnement des communications télépathiques. Mais la communication télépathique est-elle liée spécifiquement à chaque BB ? Comment peut-elle être encodée ? Existe-t-il des limites de distance pour ce type de communication ? Quels sont les facteurs qui impactent une communication télépathique ?

La télépathie connue et en partie reconnue par communauté scientifique des sciences du psychisme. Les approches psychiques basées sur le modèle holographique au sens de Karl Pribram ont été tentées d'expliquer la télépathie en s'appuyant sur le principe de non-localité. Mais, sans succès et David Bohm conscient de la complexité du phénomène jugea très intelligemment que la non-localité quantique était insuffisante en pour rendre compte...

Prenons connaissance des informations que nos amis d'UMMO nous ont transmises…

Lettre : 337 DÉCOUVERTE DU BUUAWE BIAEI

- Pour la première fois on vérifiait que les mouvements codifiés des électrons dans de tels atomes correspondaient exactement à la transmission télépathique.

- On découvre, contrairement à ce que l'on croyait, que la transmission télépathique est reçue simultanément par tous les êtres humains ; même si un mécanisme subconscient se charge de bloquer, c'est-à-dire d'empêcher le passage d'un message vers des personnes à qui il n'est pas destiné.

Si la transmission télépathique requiert une voie de liaison chez l'homme (voie nerveuse) pour passer d'une âme à une autre, c'est parce que l'âme collective et l'âme individuelle sont deux entités indépendantes qui sont seulement unies par le lien du CORPS HUMAIN tant que celui-ci est en vie.

Vous pouvez observer alors que [si] la transmission télépathique se réalisait exclusivement au sein du BUAWEE BIAEI (ESPRIT COLLECTIF), le temps total de la transmission serait de ZERO car l'encéphale de l'homme n'interviendrait absolument pas.

Le processus pour la communication avec des personnes dont je connais l'identité...

Il se produit dans cette zone cérébrale deux types d'impulsions : un peu comme s'il s'agissait de deux émetteurs. Si quelqu'un parmi vous est technicien en télévision, il comprendra mieux si on les compare avec les signaux que vous appelez IMAGE et SYNCHRONISME. Les premières portent, convenablement codifiées, les impulsions nerveuses que nous appelons BUUAWE BIEE, chacune d'elles durant 0,000 138 5 seconde. Elles constituent une espèce de message télégraphique qui est envoyé grâce à l'un des atomes de Krypton que nous appelons BUUA XUU (psysphère).

Le second groupe de signaux, qui sont aussi codifiés, se caractérise par le fait que le temps des impulsions est plus long : 0,006 385 seconde.

Quelle est la fonction du premier signal émis ? Porter facilement le contenu verbal de notre message, les paroles qui expriment les idées que nous désirons faire arriver jusqu'à notre interlocuteur situé à une grande distance de nous. Mais ce message est capté par tous les hommes de UMMO (nous répétons que les cas de télépathie enregistrés par vous confirment que le phénomène est identique pour les humains de la Terre).

Comment se fait-il qu'une seule personne soit capable d'interpréter un tel message et avoir conscience qu'il lui est dirigé, uniquement à lui ? Le second groupe d'impulsions nous apporte la réponse.

Le code employé pour identifier une personne ne diffère pas beaucoup entre nous et vous dans la vie réelle. Ainsi, comme le nom UGAA 4, fils de YODEE 347, est associé mentalement à un individu déterminé, une séquence de nombres binaires, envoyée sous forme d'impulsions, servira pour distinguer spécialement la personne réceptrice du message.

Imaginez un million de coffres-forts répartis sur tout votre pays. Chacun d'eux peut seulement s'ouvrir qu'à l'aide d'une combinaison de six chiffres et sous la surveillance d'autant de gardiens.

A l'intérieur de ces coffres, il y a la clef pour l'interprétation d'un quelconque message codifié.

Vous envoyez maintenant une lettre chiffrée qui peut seulement se lire avec l'aide de clefs cryptographiques enfermées dans les coffres. Envoyez un million de copies à tous les gardiens avec une seule indication sur l'enveloppe par exemple 763 559. Seul le destinataire dont le chiffre du mécanisme d'ouverture du coffre coïncide avec ce nombre pourra l'ouvrir et connaître le contenu du message.

L'exemple est bien choisi, car précisément la sélection d'une personne s'obtient par un mécanisme physiologique semblable à celui des coffres-forts terrestres (sur UMMO ils n'existent pas). Et un réseau de neurones établit des connexions synaptiques ou des déconnexions en fonction d'une séquence chiffrée d'impulsions binaires qui représentent 1700 chiffres.

D45 TEMPS DU BUUAWE BIEE (S45-13) = 0,000 138 51 seconde ; (temps que met l'homme pour envoyer une impulsion unité à travers le BUUA XUU (PSY SPHERE) à un autre homme de UMMO par voie télépathique.

NR18 : La distance n'importe pas pour établir le lien télépathique, mais des interférences dues à la présence de matière imaginaire dans OUWAAM sauraient affecter légèrement le synchronisme lors de communications à très grande distance.

HYPOTHÈSE

Il s'agit là, essentiellement d'une hypothèse de lecture comprenant des interprétations et quelques extrapolations des indications données par les Oummains.

La télépathie fonctionne donc grosso modo en modulation de fréquence avec une onde porteuse du message associée à une onde identifiant le destinataire.

Les Oummains nous indiquent que les impulsions télépathiques transitent par BB, sans préciser s'il s'agit du BB-global ou du BB-planétaire. L'idée est que la structure de l'encodage des messages télépathiques est uniquement liée à l'espèce de l'OEMMII. Elle serait donc totalement indépendante du BB-planétaire de l'OEMMII. Les messages télépathiques traverseraient le BB-global, le WAAM-UU.

La portée de la communication télépathique est indépendante de la distance, puisqu elle ne transiterait que par la XOODII WAAM pour atteindre globalement le WAAM–UU avec tous ses BB-planétaires.

Par le fait, tous les OEMMII du WAAM-WAAM reçoivent les émissions télépathiques de tous les OEMMII.

En règle générale, la structure précise des OEMBUAWA de chaque espèce d'OEMMII permet de capter sélectivement la ou les fréquences spécifiques à son espèce.

DESCRIPTION DU FLUX TÉLÉPATHIQUE

La télépathie fonctionne donc en modulation de fréquence avec une fréquence porteuse du message et une fréquence identifiante.

L'émetteur envoie le message et tous les récepteurs le reçoivent. De manière associée, l'émetteur envoie parallèlement le code identifiant du destinataire du message. Le code identifiant du destinataire correspond à une image mentale structurellement spécifique.

Tous les OEMMII reçoivent le message et un identifiant qui ne leur correspond pas : dans ce cas le message n'est pas traité par l OEMMII récepteur.

Le destinataire reçoit l'identifiant qui lui correspond et qui autorise le passage du message associé vers son encéphale qui le décode, puis le transfère suivant le processus normal à BUAWA. L'OEMBUAW convertit les signaux télépathiques dans l'encéphale en signaux bio-chimiques qui génèrent des images mentales intelligibles pour l'encéphale, lesquels sont aussi transmis à BUAWA.

Les impulsions qui codent le destinataire, codent l'image mentale associée à ce destinataire. Evoquer mentalement son nom est peut être suffisant pour générer l'image mentale du destinataire. Cette image mentale est encodée et émise dans le WAAM-UU.

L'apprentissage des enfants doit-être fait avant la puberté avec les parents, l'usage de vapeur d'ocytocine favorise ce développement neurologique. Il est favorable dans l'haplogroupe C-M130 chez les humains terrestres.

L'ENCODAGE DU MESSAGE

Les images mentales transmises par télépathie sont encodées sous une forme universelle. Elles encodent du langage ou des perceptions. Ceci ne veut pas dire qu'il y ait un langage universel, mais simplement que pour n'importe quel OEMMII émettant une image mentale codée A, alors n'importe quel OEMBUAW d'OEMMII captera une image mentale codée A. Ensuite, tout dépendra ce que l'encéphale du destinataire fera de cette image mentale, si l'image mentale qui fait sens ou non. Ceci expliquerait, que certains OEMMII puissent lire nos pensées et apprendre nos langages en décodant directement les impulsions émises par l'OEMBUAW de l'encéphale, soit par :

- a priori, l'atome de krypton émetteur des messages télépathiques *(E1 sur le schéma de synthèse en fin de chapitre)*
- ou éventuellement, l'atome de krypton émetteur des messages à BB et à BUAWA *(E/R sur le schéma de synthèse en fin de chapitre)*

Réciproquement, certains OEMMII pourraient émettre directement des messages sous forme d'impulsions télépathiques à l'atome récepteur UAXOO de l'OEMBUAW. Ceci expliquerait, aussi que ces OEMMII puissent techniquement émettre des messages télépathiques directement à des humains terrestres. Il est d'usage que les exocivilisations qui nous visitent apprennent et utilisent les langues de la planète visitée. En conséquence, il n'y a rien de surprenant à ce qu'un humain terrestre reçoive un flux télépathique dans sa propre langue.

Pour notre cerveau, il n'y a pas de différence entre la représentation mentale d'un mot vocalisé ou un mot entendu dans un rêve par exemple. Cela active de la même manière les mêmes aires cérébrales. Les mots télépathiques transférés à la personne seront décodés par l'encéphale de la même manière qu'un mot vocalisé.

LES EFFECTEURS DE GeSi2C3H3

Nous avons évoqué dans le chapitre *les flux d'information d'une espèce vivante,* l'hypothèse d'un composé-relais de GeSi2C3H3 qui ferait l'interface entre les paires Kr2 et l'ADN. Il pourrait synchroniser l'ensemble des éléments cellulaires nécessaires au pilotage des mutations dirigées par le BB-planétaire. C'est lui qui protègerait l'ADN contre des mutations indésirables et déclencherait les mutations contrôlées. De plus ce composé — Germanium, Silicium, Carbone, Hydrogène — ferait l'interface entre les bio-fréquences issues des processus neurologiques et différents cristaux et gaz rares, dont le krypton, localisés dans le cerveau. Les atomes de carbone et d'hydrogène étant les interfaces entre les influx nerveux cérébraux et l'OEMBUAW pour les communications télépathiques.

D41 : La localisation de ces atomes de krypton dans le corps humain est très difficile pour les raisons suivantes :

— ILS NE SONT PAS COMBINÉS AVEC LE RESTE DES COMPOSÉS ORGANIQUES DE L'OEMII (corps humain).

— LEUR NOMBRE EST TRÈS RÉDUIT (nous avons compté 16 endroits)

Certains sont localisés dans le LOBE TEMPORAL du THALAMUS, dans l'HYPOTHALAMUS et dans d'autres zones de l'ÉCORCE CÉRÉBRALE.

Schéma de principe des flux neuro-télépathiques

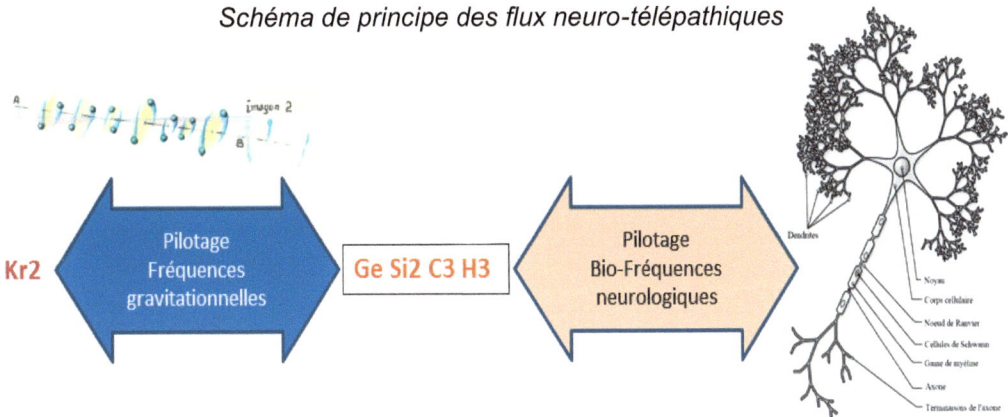

Kr2 — Pilotage Fréquences gravitationnelles — Ge Si2 C3 H3 — Pilotage Bio-Fréquences neurologiques

D45 : Ce sont les impulsions nerveuses qui, grâce aux différents atomes de carbone et d'hélium dont les états QUANTIQUES ont été excités, modifient par résonance les états ordinaires de fréquence Zéro (onde plane) de chaque atome de KRYPTON par effet OWEEU OMWAA. Ainsi les messages de la mémoire, par exemple, vont s'encoder dans ces atomes en forme d'ONDES.

Les impulsions nerveuses que nous appelons BUUAWE BIEE, chacune d'elles durant 0,000 138 5 seconde. Elles constituent une espèce de message télégraphique qui est envoyé grâce à l'un des atomes de Krypton

La bio-fréquence d'encodage des flux neuro-télépathiques est donc de 1/0,000 138 51 soit un peu moins de 7 220 Khz.

Une fonction périodique en forme d'onde carrée : voilà ce que capte notre BUUAWAA (âme).

La télépathie des Oummains

Pour ce qui concerne les Oummains, la forme de communication OANNEAOIYOYOO la télépathie, transmet des messages constitués d'idées simples et topiques. Il n'y a pas d'indication concernant une sorte de langage télépathie spécifique, n'importe quel langage générant nécessairement des représentations mentales peut être communiqué.

Compte tenu de leur perte de phonation rapide, et de leurs exigences dialectiques, je pense que les Oummains ont recréé leur langage phonétique en prenant en compte le fonctionnement télépathique. Ils ont aussi cherché à le fiabiliser, avec une communication basée sur des concepts primaires, qui correspondent aux briques de base des images mentales de leur langage de premier niveau DU-OI-OIYOO. Ces briques de base phonétiques sont aisément transmises séquentiellement sans équivoque.

L'origine et apprentissage de la télépathie pour nos amis d'UMMO :

La télépathie est une étape naturelle dans le processus évolutif qui découle de l'accroissement continu de la masse corticale et de la complexification des connexions synaptiques et neurono-gliales. L'architectonie corticale propre à la télépathie, chez les OYAGAAOEMMII, existe à un niveau primaire, au niveau des groupes neurono-gliaux spécifiques au langage qui relient le gyrus angulaire et l'aire de Broca. Toutefois, la complexité nécessaire à la fonctionnalité complète n'est atteinte que pour la partie restreinte de la population d'OYAGAA ayant subi la mutation M130 (haplogroupe C de l'ADN du chromosome Y). Le développement de ces groupes neurono-gliaux reste insuffisant chez la plupart des autres groupes raciaux, en particulier chez les individus ayant un haplogroupe prépondérant de type R (race blanche), sauf cas de mutation individuelle favorable. Les OEMMII d'OYAGAA ont aussi le désavantage de l'unilatéralité des aires cérébrales dédiées au langage. Une capacité restreinte de télépathie reste cependant possible, moyennant un exercice rigoureux, grâce à la plasticité de ces zones cérébrales et au caractère multimodal des neurones impliqués dans le processus.

La capacité télépathique se développe, dés le tout début de l'adolescence, en pratiquant un exercice constant nécessitant beaucoup de calme, de concentration et d'intimité avec un parent affectivement très proche. Il s'agit d'un processus d'apprentissage psychodynamique qui, sur OUMMO,

154

nécessite plusieurs mois terrestres pour obtenir une connexion systématiquement reproductible par renforcement progressif des circuits synaptiques effecteurs. Ceci pour le seul parent avec lequel l'enfant s'exerce durant cette première phase. Le processus se poursuit, plus rapidement à chaque fois, avec l'ensemble des membres de la famille proche.

La capacité télépathique des enfants est testée durant les 40 XII (jours d'OUMMO) d'orientation précédant l'intégration à l'OUNAWO OUI (université) à l'âge de 64,67 XEE (13,7 ans). Cette capacité continuera de se développer, par émulation et affinités, entre les jeunes qui se côtoient au quotidien.

L'on peut aussi noter, que l'ocytocine, une hormone peptidique synthétisée par les noyaux paraventriculaire et supraoptique de l'hypothalamus et sécrétée par l'hypophyse postérieure (neurohypophyse), favorise l'apprentissage de la télépathie.

LE REMOTE VIEWING

Le Remote viewing est probablement antédiluvien et est expérimenté dans les années 1930 des expérimentations par J.B. Rhine, Upton Sinclair ou René Warcollier. Ces travaux se poursuivent dans les années 1970 à l'American Society for Psychical Research et au SRI-International, avec les travaux du physicien Hal Puthoff. Les agences de renseignements des grandes puissances ont développé ces recherches, parfois officiellement comme la CIA et la DIA (Defense Intelligence Agency) avec le programme Star Gate.

Il s'agit de communications de nature télépathique qui sont expliquées par ce cadre cosmologique. Le remoteviewer se connecte sur la personne ciblée, ou récupère une connexion sans même connaître la personne. Celle-ci sert de caméra et transmet les informations qui sont ressenties plus ou moins clairement par le remoteviewer.

LES SOINS À DISTANCE

La pratique de soins à distance est proche du remote viewing. Nous avons vu que l'aura et le corps sont en forte interaction. Nous pensons que la pratique de soins à distance utilise le canal télépathique.

Ceci de plusieurs façons possibles. Soit en influant secondairement sur l'aura du patient, soit sur le subconscient du patient, de telle sorte que celui-ci provoque lui-même un effet psycho-somatique.

CONCLUSION

L'évolution neurologique de l'Homme vers des possibilités d'accès à la communication télépathique n'est peut-être pas si éloignée que l'on pourrait le penser au premier abord.

En effet, il est un fait avéré aujourd'hui que les structures neuronales peuvent se reconfigurer dynamiquement durablement par des pratiques de gymnastique mentale communément appelée méditation. Ceci a été montré par plusieurs types d'expérimentations, notamment par Matthieu Ricard et Richard J. Davidson. Cela nous donne des perspectives d'utilisation de toutes ces aptitudes…

Ci-contre le schéma de synthèse du flux télépathique :

L'Âme émetteur -> krypton -> Encéphale -> krypton -> WAAM-UU -> krypton -> Encéphales… destinataires

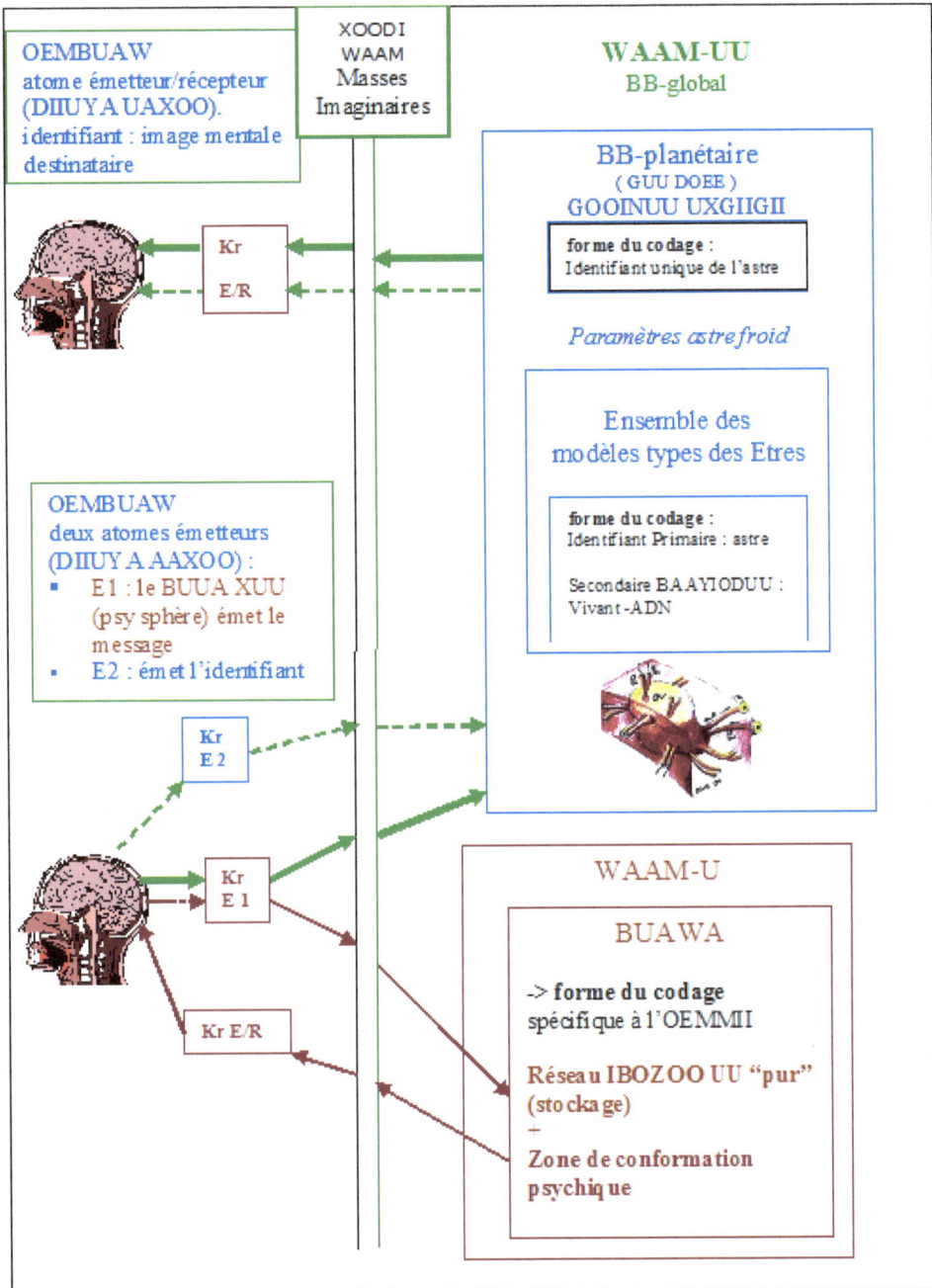

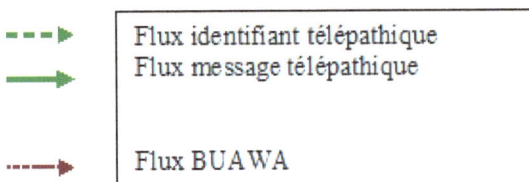

Flux identifiant télépathique
Flux message télépathique

Flux BUAWA

LA COMMUNICATION AVEC LES ESPRITS

Le OUI-JA, les tables tournantes sont connus comme étant des pratiques de spiritisme. Les rares expériences scientifiques concluent que le sujet exécute des mouvements musculaires inconscients dénommé Effet idéomoteur. Ce qui est parfaitement exact, mais n'explique nullement les causes de ces mouvements inconscients, ni pourquoi des idées inconscientes génèrent des actions précises et bien concrètes…

L'hypothèse est qu'un flux de type télépathique, conscient ou non, de niveau suffisant peut cibler non pas un humain vivant, mais les structures informationnelles du méta-cerveau BB-planétaire lui-mêmé et les âmes-BUAWA interconnectées au BB-planétaire. Il en résulterait un retour d'informations, conscientes ou non, aptes à être transposées par les humains récepteurs via un tableau de OUI-JA, par exemple.

```
U. — Nous sommes en contact avec le B.B. par le
biais de notre subconscient. Dans ces conditions
la communication est possible, mais dans la pra-
tique il est difficile de le savoir (de le vérifier).

Les phénomènes médiumniques de communication ne
sont pas toujours réels, mais ils peuvent l'être.
Il s'ensuit qu'il est difficile de savoir si ils sont
passés par le canal télépathique, et l'on peut se
tromper.

D731 : Nous savons qu'à notre mort surviendra une
fusion, une intégration, une liaison étroite de la
psyché, de notre esprit (ni matériel, ni immaté-
riel, mais matrice de toute l'information de notre
vie) avec le psychisme collectif universel.
```

Nous pourrons nous connecter plus intensément avec les êtres chers, communiquer avec les esprits des autres frères décédés, participer à la connaissance planétaire de toute la biosphère, non seulement des OEMII qui viennent de mourir, mais encore avec tous les humains depuis que naquit la vie sur OYAAUMMO (et, bien sûr, pour vous, depuis les Homo habilis jusqu'au dernier de vos frères). Est également possible la connaissance du monde réel y compris des êtres vivants puisque B.B. est informé de tout le processus vivant des êtres qui ne sont pas encore décédés. Ceci signifie que l'OEMMII décédé, par l'intermédiaire de sa Psyché peut d'une certaine façon influencer ses êtres les plus chers grâce aux inconscients et, à un certain degré aussi les choses qui les entourent, dans la mesure où la biosphère modifie le milieu physique ambiant par l'intermédiaire des êtres vivants.

B.B. est le Psychisme collectif. Nous pouvons également l'appeler subconscient ou inconscient collectif, dans la mesure où ses contenus sont opérationnels, mais ne sont pas rendus conscients à nous autres ÊTRES — VIVANTS.

Le Psychisme d'un être frère décédé peut, et de fait, le fait parfois, nous assister, nous protéger et parfois en interagissant de façon TRÈS ACTIVE...

– Une AME dans le B.B peut-elle voir le futur de la Terre?

U. — NON.

L'accès aux structures informationnelles du méta-cerveau BB-planétaire peut expliquer pourquoi des participants de OUI-JA peuvent parfois exprimer des informations qui leur étaient inconnues. Quelqu'un a envoyé au BB-planétaire une information, celle-ci existe et elle est potentiellement accessible. Par contre, aucune chance de tenter de consulter le BB-planétaire pour obtenir les prochains numéros du loto, car l'information n'existe pas!

Comme nous l'avons vu dans les chapitres précédents, des quantités infinitésimales de matière peuvent se sublimer en d'énormes quantités d'énergie, ce sont des effets LEIYO de basculements d'axes dimensionnels OAWOO. Si, nous poussons le raisonnement de notre hypothèse, nous pouvons imaginer que le flux provenant de BB puisse activer un état psychique créateur de micro-effets LEIYO de bascule-ments dimensionnels, propres à impacter la matière du cadre tridimen-sionnel courant. Peut-être via des bio-fréquences scalaires, hautement énergétiques.

Autrement dit, le flux provenant de BB relayé par les antennes réceptrices humaines OEMBUAWA, pourraient activer dans le cerveau de personnes pré-disposées, l'aptitude à émettre des bio-fréquences génératrices de micro-effets de basculements dimensionnels. Sur les objets cela produirait différents effets en fonction de la torsion des axes dimensionnels OAWOO. Comme nous l'avons évoqué dans sous-cha-pitre *Le basculement des axes angulaires* du chapitre *Un nouveau paradigme cosmologique* ces basculements d'axes dimensionnels peuvent être totaux ou partiels. Les axes des masses et des volumes peuvent être tordus produisant ainsi une perte de masse ou une dispa-rition des volumes, et souvent les 2 à la fois...

Ainsi nous allons éclairer de mystérieux phénomènes paranormaux à l'aide du modèle cosmologique et de ces implications concrètes. Nous présenterons les différents cas de figure qui permettent de ratio-naliser ces phénomènes.

LA PRÉ-COGNITION OU VISION DU FUTUR

Les notions de précognition ou de vision médiumnique du futur sont liées à des phénomènes dits de rêves prémonitoires ou de visions médiumniques.

Est-ce que le futur réel préexiste ?

Nous avons vu que les potentialités du Réel Absolu se réalisent partiellement. Le réel absolu interprété par humanité, le AIIODI, se crée en permanence de façon dynamique, alors que l'ensemble des potentialités est lui un réservoir quasi infini, mais statique. Nous pou-vons donc changer l'évolution de notre réel en pensant différemment notre futur... Le futur réel ne préexiste donc pas. Notons, que si le futur préexistait réellement, le présent ou le passé n'auraient aucun sens. Le temps n'existerait pas, tout serait statique.

Pour autant faut-il considérer que les millions de personnes qui font des rêves prémonitoires tous les jours résultent du simple hasard ? De même que les prévisions médiumniques ?

Notons que les sujets sous hypnose ont des aptitudes psychiques et médiumniques accrues d'une manière générale et en termes de précognition en particulier.

D'autre part, les études menées par Louisa Rhine ont mis en évidence que les visions précognitives sont — en majorité — tragiques, les prémonitions d'événements malheureux étant quatre fois plus nombreuses que celles d'événements heureux. Notons encore, que les populations des cultures où il y a des pratiques de l'ordre du Chamanisme eurent de meilleurs résultats aux tests de perceptions extrasensorielles générales que Louisa Rhine réalisa. Les chercheurs sur ce sujet sont très nombreux, il serait difficile de les citer tous, comme l'écrivain John White, le parapsychologue Stanley Krippner, les physiciens Harold Puthoff et Russel Targ, le psychiatre David Loye, sont très démunis et à défaut d'une théorie satisfaisante, se satisfont de la théorie du mental holographique développée par Bohm et Pribram. Celle-ci n'apportant aucune réponse concrète sur cette question.

Partons d'un cas concret, qui me fut exposé par un ami, Marc. Ce garçon qui avait passé plus d'une année sur un lit d'hôpital pour des problèmes de colonne vertébrale avait eu le temps de développer ses aptitudes à la méditation. Quelques mois après sa convalescence Marc fit un rêve ou plutôt un cauchemar qui le réveilla. Il était en voiture sur une petite route du sud de la France et au sortir d'un virage un véhicule débouchait sur la droite pour traverser la route en lui coupant le chemin. La collision se produisait en entrainant sa mort. Le rêve avait été d'un réalisme appuyé. La voiture blanche percutée, une Peugeot 206, le conducteur un homme dans les 70 ans, en habits clairs, beiges, blancs… Mais, un simple mauvais rêve, vite oublié…

Une huitaine de jours après, Marc prend sa voiture pour se rendre à un rendez-vous. Cette petite route provençale qui l'y conduit commence à lui rappeler quelque chose, mais quoi? Puis, c'est le déclic. Le mauvais rêve de la semaine passée. Oui, il reconnait le virage! Marc freine immédiatement. Il a bien raison. Une Peugeot 206 blanche lui coupe la route pour traverser dans l'autre sens. Marc klaxonne et fait des signes au conducteur, qui gare son véhicule un peu plus loin. Marc le rejoint, c'est un homme dans les 70 ans, en habits clairs…

Pour reprendre la tirade de Louis Jouvet dans le film Drôle de drame, c'est bizarre, bizarre….

Voici mon interprétation de ce cas d'école qui est généralisable à tous les cas de figure de ce type.

Nous savons que le méta-cerveau BB est informé par le psychisme de l'homme en blanc qu il projette de prendre sa voiture Peugeot 206 blanche. Ceci soit par routine ou parce que l'homme en blanc y a pensé à moment donné. Tiens, je n'ai plus de ce bon petit rosé de Provence, j'irai en acheter la semaine prochaine chez mon viticulteur préféré…

Il en est de même pour Marc et pour toutes les personnes relatives à l'évènement. Le méta-cerveau BB est informé par les psychismes humains de leurs intentions, avant que ceux-ci ne les réalisent. Ceci parfois très longtemps avant…

Il est facile pour le méta-cerveau BB de prévoir ce qu'il va se passer. La prévision de collision est calculée par le méta-cerveau BB. Le méta-cerveau BB n'a pas envie de perdre ces 2 bons clients qui lui remontent plein d'informations sympathiques sur la Provence, et qui n'ont certainement pas fini leur boulot sur la planète Terre… Alors, le méta-cerveau BB envoie un message d'alerte. Probablement à l'humanité entière, mais seul le subconscient des intéressés le prendra en compte. Marc en particulier, sera réveillé par ce mauvais rêve, ce qui lui permettra de s'en rappeler…

C'est la puissance de calcul du méta-cerveau BB qui lui permet de prévoir des situations futures. Individuellement chacun des acteurs humains de l'évènement n'a qu'une fraction de l'information et ne peut aucunement faire de telles prévisions. Ainsi, lorsqu ils sont in fine confrontés à l'évènement, il leur semble que leur rêve était prémonitoire…

De la même manière, certains médiums peuvent percevoir ce type d'informations dans le méta-cerveau BB. A priori, ceci avec une anticipation qui n'est pas limitée dans le temps. Les seules limites à l'anticipation prédictive sont les limites mêmes de la puissance de calcul du méta-cerveau BB.

LA TRANSCOMMUNICATION

Dans les années 1960, Marie-Louise Aucher (1908-1994), musicienne et cantatrice, découvre des correspondances vibratoires entre les sons et le corps humain : à chaque son correspond une partie du squelette. Elle comprend que le corps humain a des fonctions d'émetteur/récepteur lorsqu'un son est émis à la fréquence de résonance de certaines parties du squelette.

Un instrument produisant une fréquence donnée peut entrer en résonance avec une partie du corps et réciproquement la voix humaine peut entrer en résonance avec un instrument. C'est la psychophonie. De nombreux phénomènes de résonance existent et leurs effets sont parfois mystérieux et surprenants…

La transcommunication présente une analogie avec la psychophonie en fréquence sonore, la différence étant la gamme et la nature des fréquences de la transcommunication. Friedrich Jürgenson découvrit incidemment le phénomène en 1959 et Ernst Senkowski, professeur de physique, inventa le concept de transcommunication

Raymond Bayless, Attila Szalay et Konstantin Raudive furent les pionniers de l'expérimentation sur ce sujet. Le Pr. Marcello Bacci joue avec la touche de syntonie d'un récepteur radio à tubes entre 7 et 9 Mhz. Parmi les messages entendus *L énergie de l'esprit, opportunément modulée est transférée à la personne réceptrice qui la transforme, avec son cerveau, en ondes électromagnétiques donnant lieu à la transmission radio.*

Friedrich Jürgenson aurait entendu un message relatif à une fréquence en ondes moyennes, vers 1480 kHz et Hans Otto König deux indications de fréquences en ondes courtes : 10 MHz et 7 MHz.

```
U. — Les psychophonies [la transcommunication] sont
produites par des radiations électromagnétiques.
C'est un phénomène PHYSIQUE, parce que l'appareil
enregistreur peut dans des conditions détermi-
nées se convertir en récepteur. Une induction,
une bobine, reliée à un condensateur, forment un
circuit oscillant capable de recevoir les ondes
électromagnétiques d'un émetteur. Dans l'émetteur
que vous fabriquez, il se fabrique, dans certaines
conditions, une résonance dans le circuit oscil-
lant. Si un autre circuit oscillant a les mêmes
caractéristiques… c'est-à-dire que l'induction a
le même nombre de milli henrys, la capacité le
même nombre de faradays ou bien, combinaison des
deux, l'induction de capacité a les mêmes carac-
téristiques… dans ces conditions la transmission
et la réception de fréquences électromagnétiques
est possible parce que les deux circuits sont
en résonance. Dans un magnétophone se produisent
```

parfois des effets de résonance avec une émission électromagnétique dont la fréquence est captée. Bien que le magnétophone n'ait pas été conçu pour capter les ondes électromagnétiques cependant il est capable de les capter. C'est dans ces conditions qu'on reçoit la psychophonie.

Un élément capable d'émettre des ondes électromagnétiques peut émettre aussi une PSYCHOPHONIE… et être capté par un magnétophone… La majorité des psychophonies [transcommunications] sont captées au travers d'oscillations électromagnétiques.

La transcommunication instrumentale opère sur des résonances entre des appareils électroniques et des dispositifs électromagnétiques inductifs, et des fréquences émises par l'activité cérébrale humaine. La communication télépathique non consciente est transformée en fréquence électromagnétique par la personne qui devient émettrice dans cette gamme de fréquences, et si le dispositif inductif entre en résonance, la fréquence est traitée normalement par l'appareil pour produire le son ou l'enregistrement.

Ce peut-être une résonance avec la tête d'enregistrement du magnétophone, certains composants du circuit d'amplification du poste radio, voire les bobinages du haut-parleur lui-même...

Schéma des flux du OUIJA

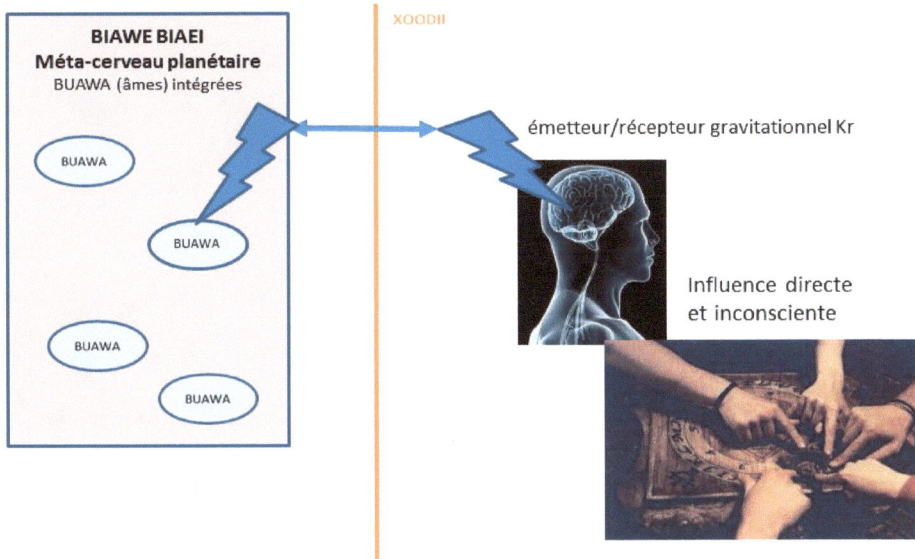

XOODII

BIAWE BIAEI
Méta-cerveau planétaire
BUAWA (âmes) intégrées

BUAWA

BUAWA

BUAWA

BUAWA

émetteur/récepteur gravitationnel Kr

Influence directe et inconsciente

Schéma des flux de la Transcommunication Instrumentale

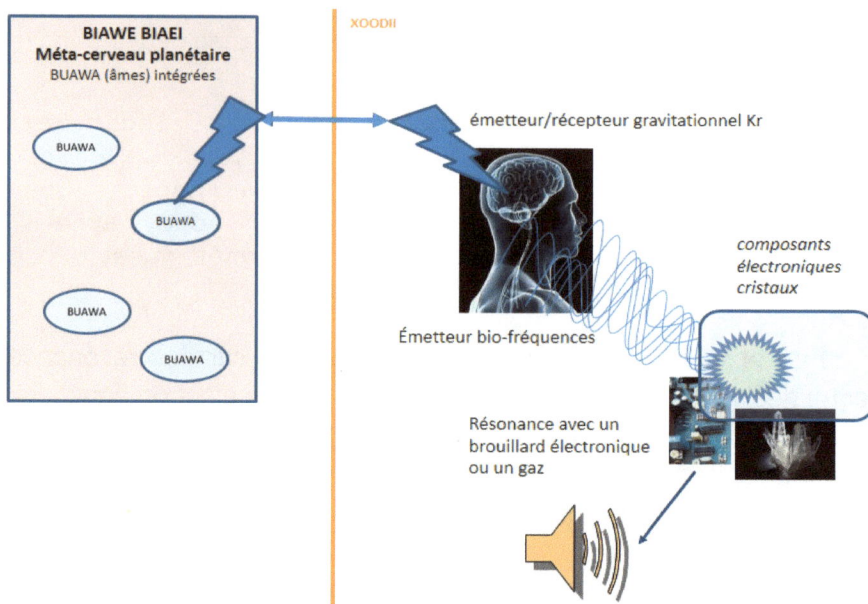

Le chauffage d'un tabouret de OUIJA, accumule de l'énergie thermique qui excite les couches électroniques et les rendent plus sensible aux bio-fréquences, il en résulte que l'effet LEIYO de la projection sur le tabouret se fait plus vite que sans chauffage.

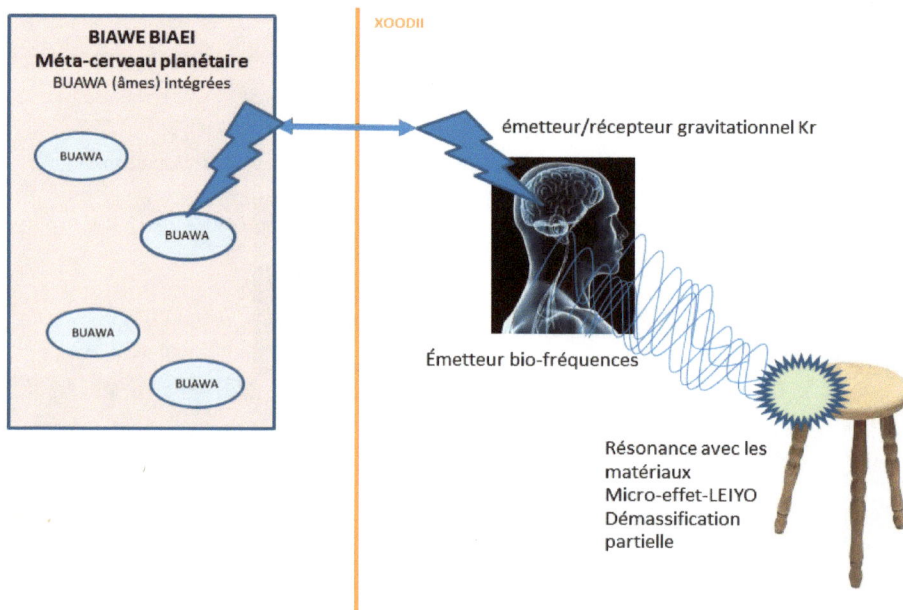

ENTENDRE LES VOIX DE L'AU-DELÀ

L'analyse des timbres

Le timbre des voix de l'au-delà est bien distinct de celui des humains. Dans les années 2000, les mesures des enregistrements réalisées par Michel Marcel pour le C.E.R.P.I. *(Centre d'Etudes et de Recherches sur les Phénomènes Inexpliqués)* indiquent qu'elles sont environ 16 fois plus rapides que la propagation du son dans l'air. Ce qui a pour effet d'être des voix très déformées par rapport aux voix produites par un jeu de cordes vocales. Ce qui les distingue sans ambiguïté des voix humaines. Pour être vraiment audibles et compréhensibles par tous, elles nécessitent un traitement du signal. Les voix enregistrées ne comportent pas de fréquence fondamentale, mais seulement des harmoniques et ce dans le domaine des basses fréquences sonores (10 Hz à 20Khz) de niveau presque toujours faible.

Le CROPS et Michel Marcel nous ont amicalement transmis plusieurs enregistrements comportant des sons qui n'avaient pas été perçus dans le champ sonore par les personnes présentes. Les enregistrements ont été réalisés soit sur support de bande magnétique convertie en numérique ou bien directement sur des enregistreurs numériques.

Nous avons fait appel à l'expertise d'un musicologue expert des vocodeurs, Hervé Noury, pour analyser ces enregistrements.

La première série enregistrements a été réalisée par Michel Marcel en présence du médium Jean-Jacques Poirier.

Dans le 1er enregistrement, nous avons repéré une sorte de mugissement, qui ressemble à une plainte. Différentes transpositions et ralentis n'ont pas permis de mieux entendre les composants de ce son.

Les autres enregistrements font clairement entendre pour une partie des paroles.

La conversation Qui me parle fait clairement entendre un C est moi et un Oui, mais il n'a pas été possible de mieux entendre le passage ou cette voix aurait dit son nom. De même on entend bien un Moi je peux dans la conversation invitant à la création d'un centre de recherches.

L'enregistrement réalisé par le CROPS je ne peux pas répond explicitement à une question de la médium Monique Aubergier.

Dans tous les cas, les inflexions tonales du son ainsi que la modification permanente des formants (*) sont celles que produisent habituellement une voix. Notons qu'en aucun cas, ces voix n'ont été modifiées par des moyens acoustiques (boite, masque auditif, cloison...) ou électroniques (filtres, vocodeurs, saturations...). A l'écoute, ces voix sonnent comme si on avait traité la voix humaine à l'aide d'un vocodeur modulant du bruit blanc (son de souffle continu), mais ayant conservé les inflexions tonales de la voix d'origine. Pour une raison inconnue, mais non discriminante, ces sons ne comportent pas de fondamentales. Il n'est pas possible de savoir si ceci est dû à un élément technique ou bien si la source elle-même ne comportait pas de fondamentales.

De manière, certaine, on entend peu les consonnes, mais bien les voyelles, ce que confirme l'analyse par sonagramme des enregistrements. Les fréquences graves dominent, il y a peu de fréquences aiguës caractéristiques des consonnes. Nous avons donc observé au sonagramme que les fréquences aiguës sont absentes, d'où l'impossibilité de comprendre les consonnes.

Les marqueurs d'identifications électroniques des « voix »

Une avancée importante fut faite par mon ami Thierry Wilson de TCI-France. Ingénieur du son de formation, il analysa des milliers d'enregistrements de voix en transcommunication. Il constata que presque tous ces enregistrements contenaient ce qu'il appela des « marqueurs » en début et fin d'enregistrement. Il s'agissait de séquences compactées contenant la structure, le rythme, le gabarit, de la séquence du message vocal.

Mais, quid des rares enregistrements de voix de transcommunication où il n'y avait pas ces marqueurs ?

Lors de nos échanges, nous constatâmes, in fine, que ces enregistrements concernaient un contexte précis. Les personnes émettrices de la transcommunication n'étaient pas en relation avec défunt.

Seules les personnes émettrices de transcommunication en relation avec un défunt produisaient des enregistrements avec les marqueurs d'identifications électroniques des « voix ». Il s'agit là d'un début

---

* On désigne par formant (acoustique) d'un son de parole l'un des maxima d'énergie du spectre sonore de ce son de parole. http:// fr.wikipedia.org/wiki/Formant

de preuve et de reconnaissance systématique pour différencier l'origine et la nature des flux enregistrés.

La structure du flux contient des séquences compactées avant et après de la séquence du message vocal. Ces marqueurs déterminants les paramètres structurels nécessaires à la restitution vocale du message. Il est probable que les marqueurs codifient les sons à produire avec : la fréquence ou tessiture ; l'intensité ; le timbre qui dépend des fréquences contenues dans un son qui se superposent ; le débit de restitution de la voix ; la prosodie ou l'intonation.

Ces paramètres structurels ou marqueurs d'identifications (*) des messages sont toujours en adéquation avec la nature du support d'enregistrement. C'est-à-dire que si le support d'enregistrement permet d'enregistrer dans telle ou telle gamme de fréquences, alors le message sera restitué dans la gamme de fréquences adéquate. Les paramètres structurels des messages tiennent compte, intelligemment, de la nature du support d'enregistrement auquel il est destiné.

Interprétation dans le cadre cosmologique

Dans tous les cas nous avons pu éliminer catégoriquement des cris d'animaux ou des signatures de bruits. Tous les sons enregistrés sont composés de formants caractéristiques d'une voix humaine bien que ces formants n'aient pas été perçus dans le champ sonore par les personnes présentes. Les marqueurs d'identifications électroniques des « voix » prouvent que la nature des voix de transcommunication, est bien spécifique à la nature de l'origine du flux.

Etudions les causes de ce phénomène… Le flux de ces données d'outre-espace se fait à travers des cosmos de nature totalement différente. En effet, ces voix sont avant tout des données stockées dans l'Ame-BUAWA du défunt qui a été intégrée au Méta-Cerveau planétaire. Le flux de cette Ame-BUAWA, monodimensionnelle et atemporelle, transite dans l'espace penta-dimensionnel de vitesse photonique infinie qu'est le Méta-Cerveau planétaire BB. C'est lui en réalité qui prend en charge le flux et le gère, et non pas la BUAWA-intégrée du défunt proprement dite. L'Ame-BUAWA intégrée établit ainsi le même type de communication télépathique que pour une liaison interhumaine par l'entremise du Méta-Cerveau planétaire BB. Nous avons vu le flux de fréquences gravitationnelles qui arrivent au niveau des atomes de krypton du OEMBUAWE et sortent en bio-fréquences de 7,2 KHz du côté Humain. Le composé Germanium-Silicium jouerait le rôle de condensateur-transformateur du flux.

La différence de nature des flux et les transformations en série expliquent qu'il puisse y avoir un écart d'un facteur 16 entre la vitesse d'une voix humaine et des flux de sortie finaux enregistrés du défunt. On note aussi l'absence de fréquence fondamentale du flux BUAWA par l'entremise du Méta-Cerveau planétaire BB.

L'Ame-BUAWA étant atemporelle, comme nous l'avons vu, elle est faite pour transférer de l'information en suivant le fil du temps. Ceci est très différent d'un flux de paroles ou d'images. Cette liaison ne se fait pas entre 2 cerveaux de même type qui peuvent échanger des images mentales codifiées au même format. Le format des données de l'Ame-BUAWA est un train d'impulsions pour des processus cérébraux sub-conscients, mais aucunement une représentation mentale encodant directement du son ou de l'image intelligible directement par les zones cérébrales de l'humain terrestre. L'humain terrestre n'est pas câblé pour ça, le flux BUAWA reste subconscient. Pour devenir intelligible, il doit être transformé en fréquences qui puissent être captées par nos organes neuro-récepteurs. Les bio-fréquences humaines peuvent servir de porteuses de modulation de fréquence du flux du BUAWA du défunt qui communique par l'entremise du Méta-Cerveau planétaire BB. Ces bio-fréquences en modulation vont pouvoir être captées avec des récepteurs électroniques, des cristaux, etc.

Lorsque l'Ame-BUAWA intégrée établit une communication télépathique pour un humain par l'entremise du Méta-Cerveau planétaire BB, celui structure intelligemment le flux pour qu'il puisse être restitué en une voix humaine compréhensible. Cette structure du flux contient des séquences compactées avant et après de la séquence du message vocal. Ces marqueurs déterminants les paramètres structurels nécessaires à la restitution vocale du message. Il est probable que les marqueurs codifient les sons à produire avec : la fréquence ou tessiture ; l'intensité ; le timbre qui dépend des fréquences contenues dans un son qui se superposent ; le débit de restitution de la voix ; la prosodie ou l'intonation.

Ainsi les voix de l'au-delà ne sont pas des voix humaines, mais l'expression d'un flux de données transformé in fine en fréquences sonores, suivant ses marqueurs d'identifications qui codifient les sons à produire.

Le fait que les paramètres structurels ou marqueurs d'identifications tiennent compte intelligemment de la nature du support d'enregistrement, me conforte dans l'idée que le Méta-Cerveau planétaire BB est à l'origine du paramétrage du flux des messages.

Il nous semble que les paquets et les trames de ces flux aient une architecture très similaire à ceux utilisés dans les réseaux informatiques dont voici une hypothèse d'explication (cf. voir aussi les schémas du Modèle théorique de paquet d'informations au format fréquences)

Hypothèse d'analyse d'une communication sonore sur Terre (TCI)

Comment un « défunt », dont l'âme est intégrée dans le Méta-Cerveau BB, pourrait-il communiquer un message sonore sur Terre (TCI)?

Lorsqu'un « défunt » souhaite communiquer un message sonore sur Terre en TCI, il envoie des séquences de messages correspondant aux mots qu'il souhaite communiquer. Ces séquences de messages encodent en binaire chaque syllabe de chaque mot que le défunt souhaite prononcer. Chaque message correspond à un mot d'une ou plusieurs syllabes.

Chaque message est lui-même structuré avec plusieurs paquets.

Un paquet d'entête décrivant lui-même la structure des autres paquets du message. Ainsi, du 2ième paquet jusqu'à l'avant-dernier sont codifiées en binaire les syllabes du mot désiré.

Un paquet de fin homologue au paquet de début clôt le paquet.

Le flux provenant du Méta-Cerveau BB est donc une trame binaire qui évolue à une vitesse infinie. Cette trame binaire est structurée par des séquences de messages, eux-mêmes composés d'un entête de début, de paquets syllabiques et d'un paquet de fin de message pour la fin du mot. La trame de début pourrait commencer par un syncword *(terme anglais)* permettant au receveur de s'adapter à la modulation d'amplitude, régler les variations de vitesse du signal, et pour la synchronisation de trame.

Il faut que le message binaire qui sort à la vitesse infinie du Méta-Cerveau BB, soit transformé en un message entrant dans le cerveau humain à la vitesse de la lumière. Ce sont les atomes de krypton qui réalisent la conversion en émettant des ondes gravitationnelles.

Comme nous l'avons vu paragraphe *Les bio-fréquences* du chapitre *LES FLUX D'INFORMATION D'UNE ESPÈCE VIVANTE*, l'hypothèse est que le composé GeSi2C3H3 joue un rôle de modulateur-démodulateur dans diverses longueurs d'onde. Notamment en transformant ces ondes gravitationnelles dans différentes fréquences nécessaires à la synchronisation des organites intracellulaires.

L'hypothèse complémentaire est que le composé GeSi2C3H3 joue aussi un rôle dans le décodage des messages binaires provenant du Méta-Cerveau BB. Le cerveau humain récepteur-émetteur est traversé par une multitude de radio-fréquences de toute sorte, y compris des radio-fréquences qui ont rebondi sur l'ionosphère.

L'idée est que le message binaire provenant du Méta-Cerveau BB est transformé par le composé GeSi2C3H3, en un signal analogique comportant les radio-fréquences des syllabes du mot du message du « défunt ».

Le composé GeSi2C3H3 est donc traversé par une multitude de radio-fréquences de toute sorte, y compris des radio-fréquences qui ont rebondi sur l'ionosphère. Dans le composé GeSi2C3H3, le paquet d'entête est décodé avec ses descripteurs des autres paquets syllabiques du message. Pour réaliser cela, le composé GeSi2C3H3 utilise les radio-fréquences qui le traversent naturellement. Il filtre et laisse passer dans le flux sortant, les bouts de radio-fréquences correspondant à ces descripteurs, autrement dit, il laisse sortir dans le flux les radio-fréquences correspondant aux syllabes du mot que le « défunt » souhaite prononcer.

Les bouts de radio-fréquences, transitant en permanence dans le cerveau humain, dans le composé GeSi2C3H3, qui correspondent aux descripteurs syllabiques sont ainsi assemblés, paquet par paquet.

Ainsi, une trame de radio-fréquences analogiques est constituée. Cette nouvelle trame analogique pourra alors être projetée par résonance-induction par le « médium » sur différents supports, magnétiques ou autres. Il en résultera, in fine, l'enregistrement d'une fréquence vocale composite, issue des multiples radio-fréquences qui composaient la trame analogique ainsi constituée.

Le procédé de tramage et les paramétrages des descripteurs sont une invention du Méta-Cerveau BB, adaptée au contexte opérationnel terrestre. Un autre Méta-Cerveau BB avec des humains aptes à la télépathie aurait peut-être procédé différemment…

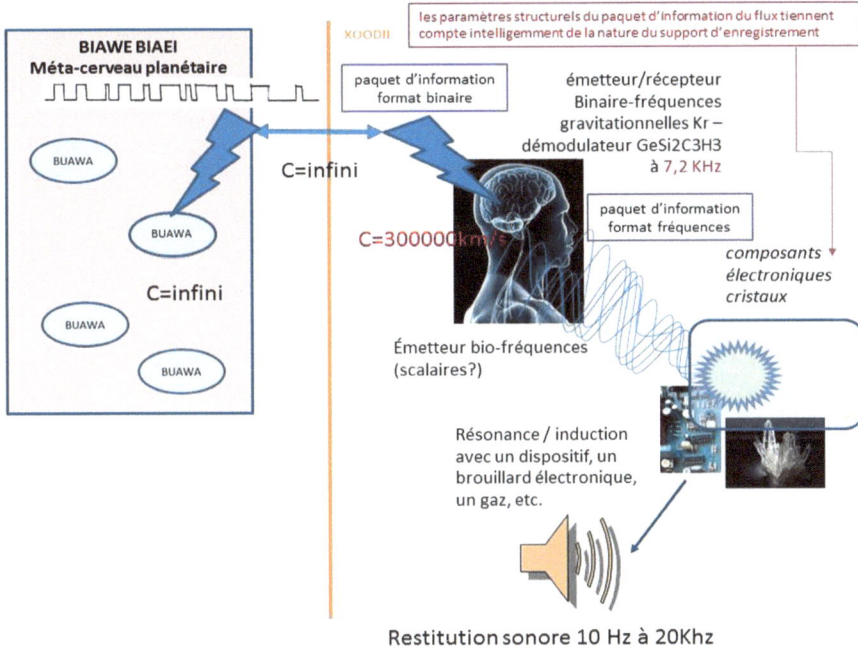

Modèle théorique de paquet d'informations au format fréquences				
trame de début	1- Séquence sonore	2- Séquence sonore	3- Séquence sonore	trame de fin
Paramètres -1- Séquence sonore				Paramètres -1- Séquence sonore
Paramètres -2- Séquence sonore				Paramètres -2- Séquence sonore
Paramètres -3- Séquence sonore				Paramètres -3- Séquence sonore

La trame de début pourrait commencer par un syncword (en) permettant au receveur de s'adapter à la modulation d'amplitude, régler les variations de vitesse du signal, et pour la synchronisation de trame

LES PROJECTIONS MASSIQUES

Comme nous l'avons vu, la projection de bio-fréquences peut influer sur les axes des masses pour démassifier un objet en résonance. Mais à l'inverse, des torsions sur les axes des masses peuvent générer de la masse, ceci indépendamment de la matière elle-même.

Schéma des flux de projection massiques

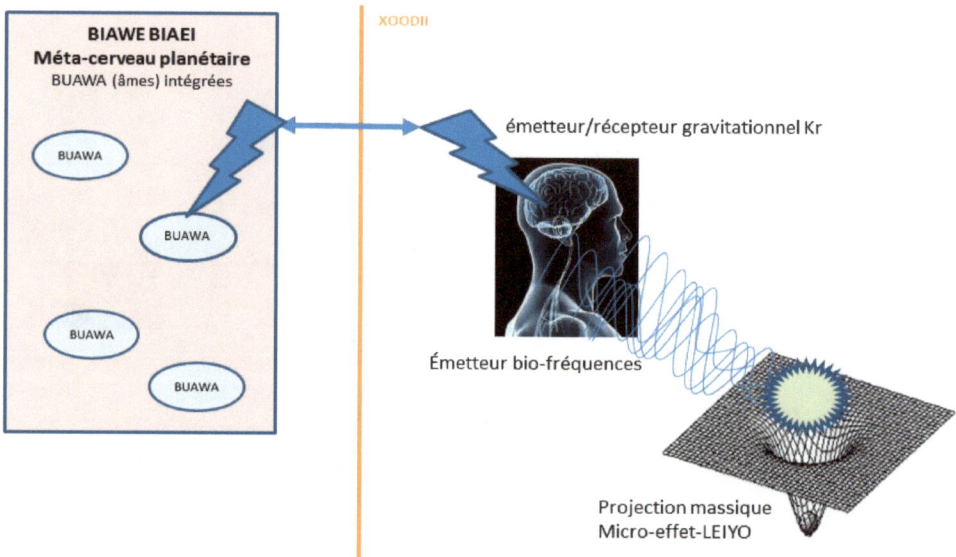

Sur un volume donné qui peut aussi bien être un gaz qu'un objet solide, la personne réceptrice projettera des bio-fréquences qui produiront un effet micro-LEIYO de torsion sur les axes de masses, créant dans ce cas de la masse sur un volume quelconque.

LES PROJECTIONS VOLUMIQUES OU HOLOGRAPHIQUES

De la même manière, la personne réceptrice projettera des bio-fréquences qui produiront un effet micro-LEIYO de torsion sur les axes des volumes, créant dans ce cas un volume sans masse. C'est le cas d'apparitions fantomatiques strictement liées au relais que constitue la personne réceptrice. Nous verrons que des effets similaires pourraient être produits d'une autre manière.

Des effets similaires avec des causes différentes rendent l'analyse difficile, d'où la nécessité d'appréhender clairement la totalité du cadre cosmologique qui sous-tendrait ces phénomènes.

Ces phénomènes pouvant être cumulés en fonction des aptitudes de la personne réceptrice. Ainsi, les projections peuvent superposer volumes et masses. Ceci permettrait la projection de ce que l'on appelle souvent les égrégores, des fantômes perçus quasiment comme des personnes vivantes et pouvant échanger un flux télépathique vocal qui sera vécu par l'auditeur comme un échange de paroles normales. Nous verrons des phénomènes similaires dans le chapitre *Abductions et manipulations mentales.*

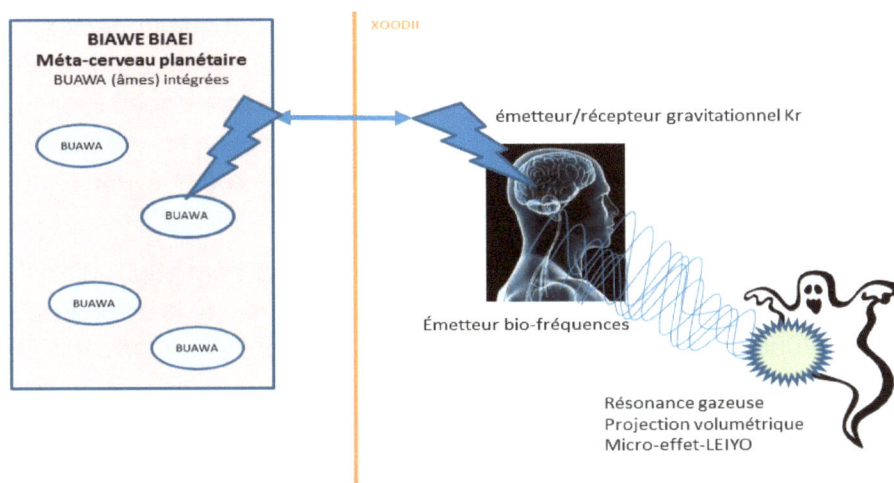

Schéma des flux de projection volumiques ou holographiques

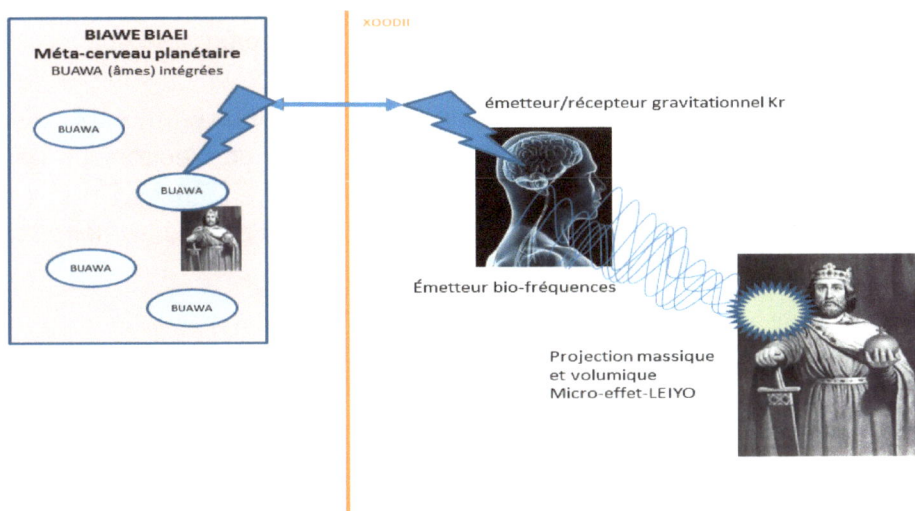

Parallèlement aux programmes spéciaux de Remote viewing, des études de chercheurs civils tels que Charles Honorton du Psychophysical Research Laboratories (PRL) puis au PEAR (Princeton Engineering Anomalies Research laboratory) ainsi que les travaux de Peter von Buengner conduisirent à identifier une interaction psychique entre l'homme les machines ou les ordinateurs ayant une diode à bruissement blanc incorporée qui crée un brouillard électronique comme intermédiaire. Le brouillard électronique étant une émission de fréquences qui couvre tout le spectre électromagnétique.

Le lien entre l'homme et la machine, un ordinateur par exemple, est effectué sans fil, et repose uniquement sur le fait que la personne se concentre par la pensée sur la communication avec la machine. Depuis 1998, dans le cadre de l'étude Global Consciousness Project, Roger Nelson se demande si plusieurs esprits humains, en résonance, ne réagiraient pas comme une conscience globale à des événements affectant le monde.

Nos hypothèses sur les flux et les projections permettent d'expliquer de manière détaillée le GCP. Dans le premier exemple du passage à l'an 2000, une heure avant l'ensemble de la population terrestre se prépare fébrilement à l'évènement. Les connexions au BB-planétaire sont concentrées sur cette information et culminent dans l'allégresse du Jour de l'an.

Deux flux peuvent impacter le dispositif stochastique électronique de diode à bruissement blanc :

- soit, le flux émis par le BB-planétaire est capté par le subconscient des individus à proximité d'un ordinateur du réseau du GCP. Et alors cette personne émet à son tour un flux de bio-fréquences capté par le dispositif stochastique électronique de diode à bruissement blanc. Ce sont les bio-fréquences des individus qui créent la résonance et la rupture du hasard dans le dispositif expérimental (figure a).

- soit, directement le flux du BB-planétaire agit sur le dispositif stochastique électronique, comme pour le lien entre le BB-planétaire et le OEMBUAWE, le récepteur cérébral humain (figure b).

Schémas :

a) dans le cas du jour de l'an 2000 les flux passent par l'OEMBUAWE (émetteur/récepteur cérébro-cosmique) des humains et cette personne émet à son tour un flux de bio-fréquences ou est-ce directement le flux du BB-planétaire qui agit sur le dispositif stochastique électronique ?

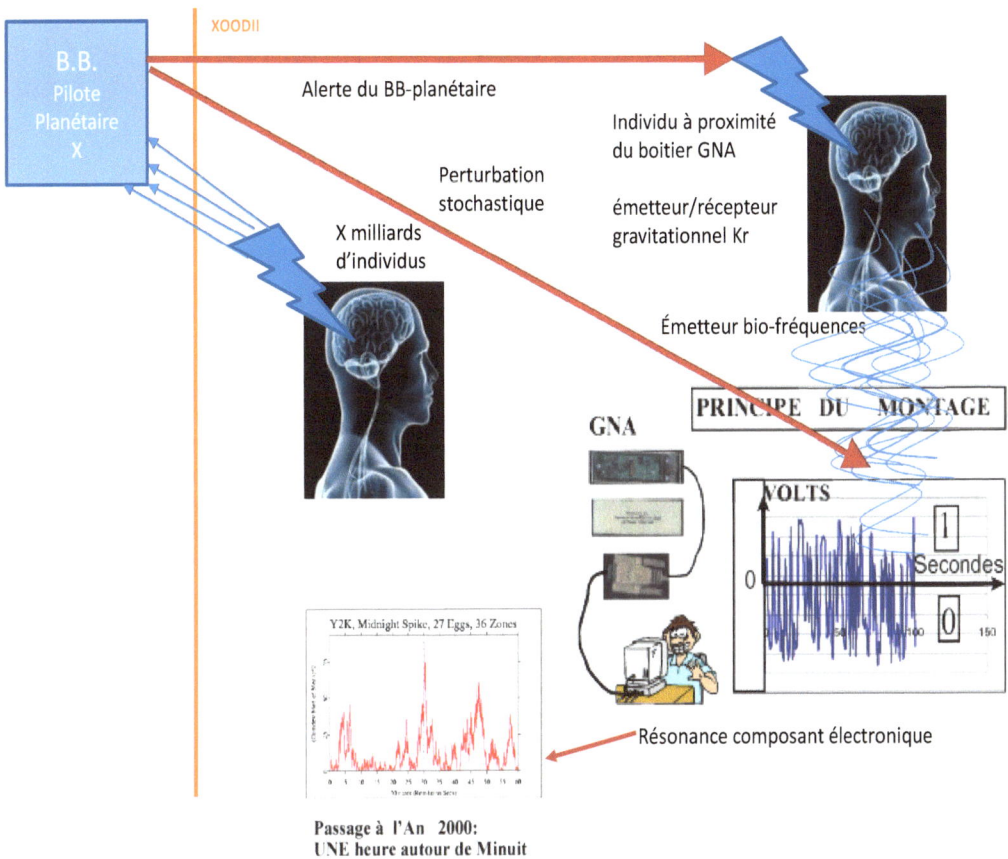

Passage à l'An 2000:
UNE heure autour de Minuit

b) dans le cas d'un tremblement de terre les flux passent par le BAAYIODUU (émetteur/récepteur génomico-cosmique) des animaux et le flux du BB-planétaire qui agit sur le dispositif stochastique électronique

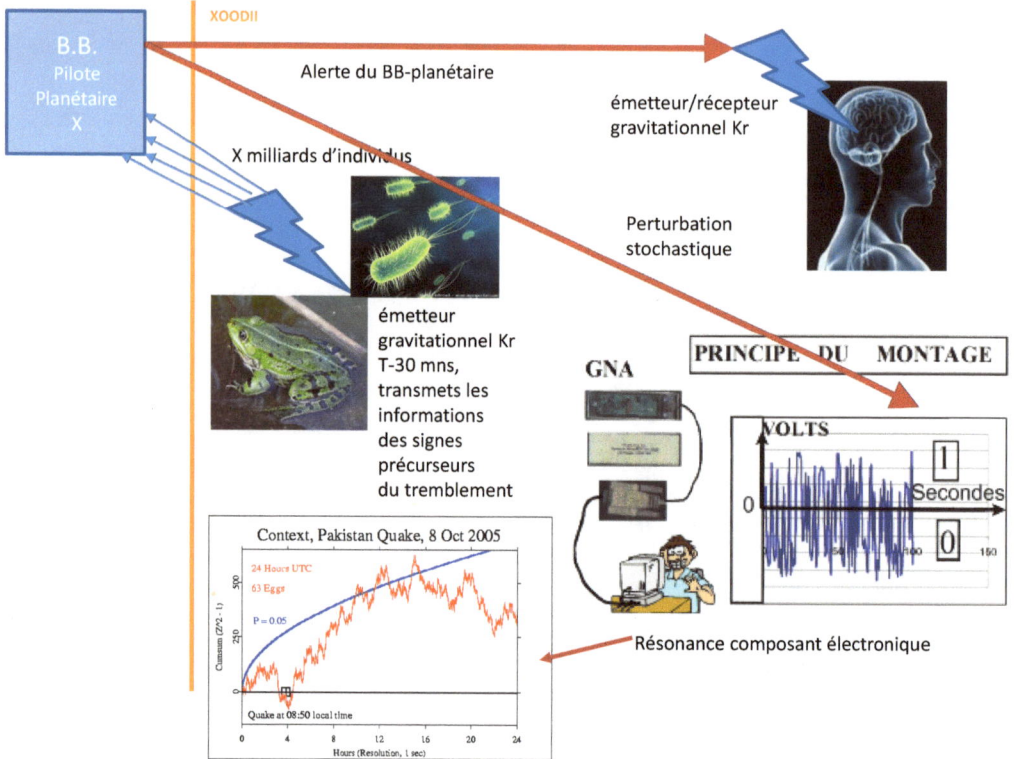

Examinons l'exemple des tremblements de terre (figure b). Ceux-ci sont perçus par divers animaux dès les signes précurseurs. L'information est transmise au BB-planétaire avant que l'évènement ne soit manifesté aux humains. Là encore nous constatons la rupture du hasard dans le dispositif expérimental.

Pour ces flux de type télépathiques, le rôle du BB-planétaire est d'enregistrer et transférer l'information. En aucun cas le BB-planétaire ne modifie le contenu du flux. Une alerte lancée par une bactérie sera interprétable par les autres bactéries et le BB-planétaire. Même si les humains reçoivent cette alerte issue des bactéries, elle n'est pas interprétable par eux.

Ceci nous conduit à conclure que c'est directement le flux du BB-planétaire qui agit sur le dispositif stochastique électronique,

178

comme pour le lien entre le BB-planétaire et le OEMBUAWE, le récepteur cérébral humain (figure b).

c) dans le cas du World Trade Center les flux passent par l'OEM-
BUAWE (émetteur/récepteur cérébro-cosmique) des humains et le flux du
BB-planétaire qui agit sur le dispositif stochastique électronique

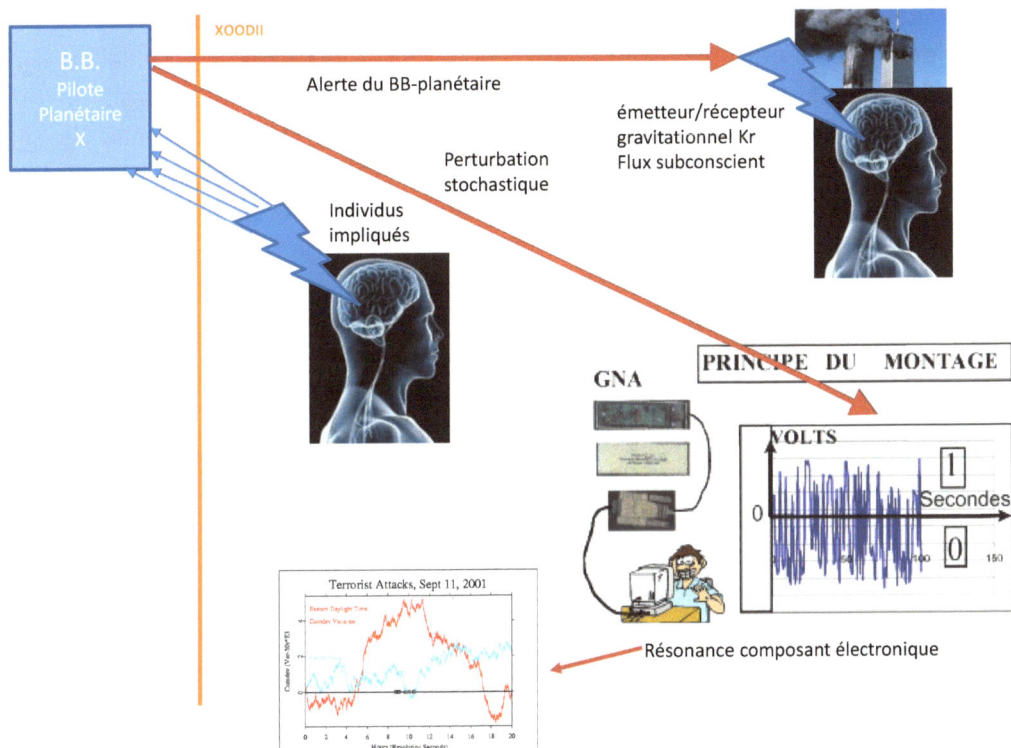

Dans le cas du World Trade Center, le BB-planétaire était déjà
alarmé à 4 h heures donc presque cinq heures avant l'impact du premier avion (8 h 45) et six heures et demie avant l'arrivée du deuxième
avion (10 h 30). Comme les médias n'en avaient pas fait mention avant
8 h 45, le BB-planétaire a donc réagi sur le dispositif stochastique
électronique à partir du moment où ceux qui étaient informés de ce
qui allait se passer avaient commencé à mettre leur plan à exécution.
Le BB-planétaire est informé et peut calculer les événements qui vont
se produire. Certains médiums font des rêves prémonitoires, d'autres
ont des visions de la catastrophe, avant que celle-ci ne survienne

réellement. Ceci nous conduit à conclure que le BB-planétaire a par lui-même calculé les événements qui allaient se produire et a par lui-même alerté les subconscients des humains (figure c).

LE CHRONOVISEUR

Un appareil dénommé le chronoviseur, a été mis au point il y a un demi-siècle par une équipe de scientifiques — dont Fermi (spécialiste de physique atomique) et Wernher von Braun (père du programme spatial US) s'y intéressa — réunie autour d'un moine bénédictin de Venise, Padre Ernetti, spécialiste des chants grégoriens, diplômé de physique quantique. Cette machine aurait fonctionné en 1972, captant des gammes d'ondes et parvenant à visualiser des scènes holographiques du passé : discours de Napoléon, Quousque tandem Catilina de Ciceron, montée du Golgotha... Tout ceci aurait été filmé, présenté au pape Pie XII et aux plus hautes autorités civiles italiennes. Le Père François Brune, qui a bien connu Padre Ernetti, relate que les personnages holographiques n'étaient pas très grands. À peu près la taille de nos écrans de télévision. On pouvait régler l'appareil sur le lieu et l'époque que l'on voulait. On choisissait quelqu'un que l'on voulait suivre. C'est sur lui que l'on réglait l'appareil et ensuite il le suivait automatiquement. Le chronoviseur a été décrit comme un grand cabinet avec des antennes en alliages de métaux inconnus, raccordé un à tube cathodique. *(voir article détaillé du journal Morphéus.fr mars 2012)*

Les images produites par le chronoviseur ne sont pas des copier-coller d'images existantes. C'est aussi ce qu'ont montré les analyses des photos numériques de projections holographiques réalisées par Nancy Talbott du BLT Research.

Ainsi la sculpture du Jésus-Christ du Sanctuaire de Collevalenza, Italie, réalisée en Espagne en 1931 par le sculpteur Lorenzo Valera Cullot est archivée dans les données du BB-planétaire. L'image projetée par le chronoviseur est fidèle, mais aucunement identique à l'original de la sculpture.

L'hypothèse est que les antennes ou la machine elle-même contenait des éléments à base de Germanium et Silicium.

Les Padres Gemelli et Ernetti sont connectés au BB-planétaire, comme tout le monde, et captent des informations subconscientes.

En se focalisant sur l'image mentale d'un personnage crucifié ils exercent un filtre sélectif des images mentales correspondantes dans le BB-planétaire. Les bio-fréquences sont transmises et amplifiées dans le chronoviseur.

Lorsque la personne ciblée est identifiée, l'opérateur bloque la fréquence du chronoviseur. Seules les images mentales correspondant à cette fréquence sont alors projetées holographiquement par l'appareil.

L'appareil projette des images qui résultent du BB-planétaire, mais transformées par les projections mentales des opérateurs en fonction de leur propre capacité à les produire. Si d'autres personnes avaient fait la recherche Jésus-Christ avec le chronoviseur, il est probable que les projections résultantes eurent été différentes.

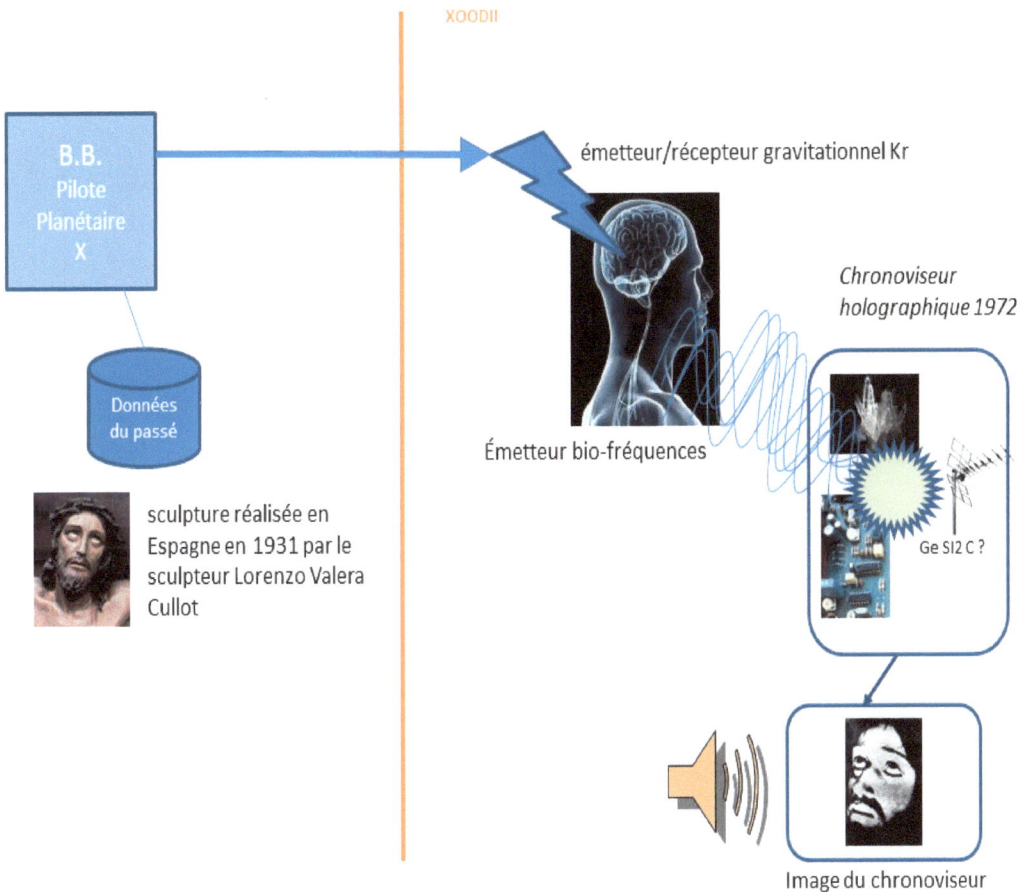

XOODII

B.B.
Pilote
Planétaire
X

émetteur/récepteur gravitationnel Kr

Chronoviseur
holographique 1972

Données
du passé

Émetteur bio-fréquences

Ge SI2 C ?

sculpture réalisée en Espagne en 1931 par le sculpteur Lorenzo Valera Cullot

Image du chronoviseur

Nous avons vu 6 cas types du modèle d'explication issu du cadre cosmologique. Toutes les combinaisons cumulées possibles de ces configurations peuvent produire des effets similaires avec des causes différentes. Nous avons présenté les modèles d'effets dont les causes ont pour point commun qu'elles nécessitent toutes une ou plusieurs personnes réceptrices qui transforment et projettent le flux reçu. Tous ces phénomènes de projections sont exprimés sous le même terme de fantômes ou de manifestations paranormales.

Il y a aussi tous les cas de manifestations où la cause du phénomène est due directement à une l'Aura-résiduelle. L'Aura-résiduelle du défunt projette directement ces fréquences sur l'appareil électronique, qui parle ou produit divers effets sur la matière. Tous ces phénomènes sont aussi exprimés sous le même terme de fantômes. Les lieux hantés sont généralement des manifestations directes d'une ou plusieurs Auras-résiduelles.

TRAÎNÉE SPATIO-TEMPORELLE ET AURA

Avec le décès de l'individu l'Homme-spatiotemporel ce long serpent perd sa tête qui est le corps physique de l'homme.

L'HOMME-SPATIOTEMPOREL LIÉ À SON AURA DE BIO-FRÉQUENCES ET SA BUAWA ET AU BB.

La traînée spatio-temporelle gravée par l'OEMMII existe toujours dans les IBODSOO cosmiques, mais elle arrête sa progression temporelle dans le cadre tridimensionnel. De son vivant l'homme émet de multiples bio-fréquences sous forme d'aura. Cette Aura est aussi indissociable de l'Homme-spatiotemporel que le corps physique. Dans des conditions normales, l'aura disparaît avec le corps physique.

L'hypothèse est que sous certaines conditions, une Aura-résiduelle reste dans la traînée spatio-temporelle. Cette Aura-résiduelle est un nuage électronique, probablement un plasma froid. Cette Aura-résiduelle pourrait évoluer de différentes façons, selon les cas. Les deux grands cas de figure :

- l'Aura-résiduelle est absorbée quand L'Ame est intégrée dans le Méta-cerveau BB
- l'Aura-résiduelle reste dans la traînée spatio-temporelle

LES INCIDENTS D'INTÉGRATION D'AMES-BUAWA AU BB-PLANÉTAIRE

Le lien OEMII-corps/Ame-BUAWA est rompu avec le décès de l'individu. Par un effet LEIYO, l'Ame-BUAWA se connecte alors au BB-planétaire dont elle dépend.

L'hypothèse est que cet effet LEIYO absorbe une partie des champs énergétiques humains, les bio-fréquences, de l'aura du corps humain avant la rupture du lien OEMII-corps/Ame-BUAWA. Autrement dit, dans un cas normal, une partie de l'énergie de l'aura du défunt contribue à initier le processus de l'effet LEIYO d'intégration de l'Ame-BUAWA.

D'après certains médiums cette Aura mettrait en moyenne 4 jours terrestres pour être en partie absorbée dans l'effet LEIYO et le reste serait dispersé comme n'importe quel champ électro-magnétique.

Lorsqu une personne meure en grande détresse psychique, son Aura émet un haut niveau de bio-fréquences anormalement élevé.

Cette Aura anormalement énergétique imprègne un certain niveau d'énergie dans le cadre 10Ď-OAWOO sur le dernier segment de la traînée spatio-temporelle gravée par le défunt. L'Aura-résiduelle du défunt reste alors bloquée dans la traînée spatio-temporelle.

L'AURA-RÉSIDUELLE

L'Aura-résiduelle du défunt est bloquée dans la traînée spatio-temporelle et d'autre part le processus d'intégration de la BUAWA est aussi stoppé. L'Aura-résiduelle reste liée à la BUAWA. Bien que l'intégration de l'Ame soit bloquée, il est probable que l'Aura-résiduelle soit aussi liée au BB-planétaire, mais sans intégration.

L'hypothèse est que l'effet LEYIO d'intégration de la BUAWA au BB-planétaire ne se réalise pas correctement. Au lieu de se connecter au BB-planétaire, la connexion est réalisée avec le brouillard électronique produit par l'Aura-résiduelle sur-énergétisée par le corps humain durant l'incident traumatique.

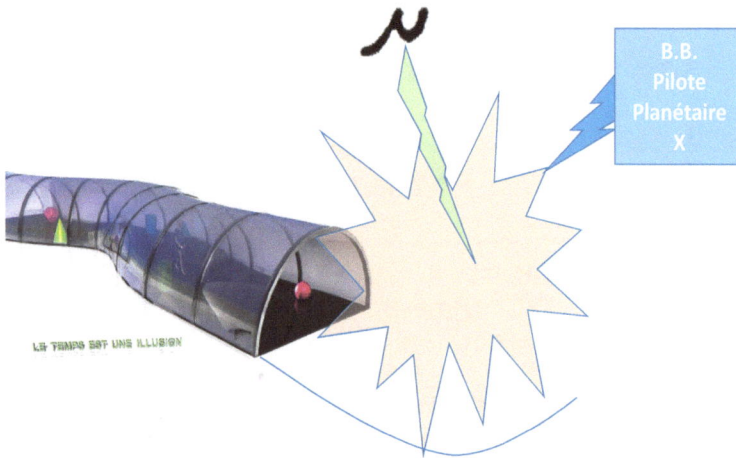

L'aura-résiduelle du défunt reste bloquée dans la trainée spatio-temporelle. La BUAWA n'a pas été intégrée au BB-planétaire, reste connectée à l'aura-résiduelle et la contrôle.

Le lien du BB-planétaire avec l'Aura-résiduelle

Le processus d'intégration de la BUAWA a été aussi stoppé. L'Aura-résiduelle reste liée à la BUAWA. Bien que l'intégration de l'Ame soit bloquée, il est possible que l'Aura-résiduelle soit aussi liée au BB-planétaire. Cependant, ce lien est bloqué ou figé…

Ceci expliquerait que le processus d'intégration de la BUAWA au BB-planétaire puisse-t-être relancé ultérieurement.

L'effet d'antenne avec la XOODII

Comme nous l'avons vu dans l'expérience du Global Consciousness Project, le brouillard électronique est une émission de fréquences qui couvre tout le spectre électromagnétique et crée un effet d'antenne avec la XOODII. C'est ce type de dispositifs qui fut probablement utilisé pour le chronoviseur.

Un autre montage peut aussi être mis en place pour des expériences de réceptions de transcommunication à l'aide d'une ancienne télévision analogique sans antenne et reliée à une caméra. La télévision produit un brouillard — la neige sur l'écran — et la caméra filme ce brouillard qu'elle réinjecte dans le téléviseur. Cette boucle larsène pourra se dérouler à l'infini et capter des flux du BB-planétaire (en lien avec les BUAWA intégrées) transmis via la XOODII jusqu'au poste de télévision.

Il n'est cependant pas exclu qu'une Aura-résiduelle puisse venir interférer en produisant une résonnance, directement elle-même dans la boucle larsène…

La vie de fantôme

L'Aura-résiduelle reste liée à la BUAWA, tant que L'Ame-BUAWA ne recevra pas l'énergie nécessaire à son intégration au BB-planétaire….

Le plasma froid qu'est probablement l'Aura-résiduelle doit maintenir son niveau énergétique par absorption d'énergie assimilable par elle : des bio-fréquences humaines. C'est le fantôme actif du défunt.

Nous pourrions dire que la paire Aura-résiduelle/BUAWA est une sorte de OEMMII AÏOOYA AMMIÈ, un humain désincarné. S'il dispose de suffisamment d'énergie ce fantôme peut continuer à évoluer en dehors de la traînée gravée par l'OEMMII dans l'Espace-Temps.

La paire Aura-résiduelle/BUAWA bloquée dans l'Espace-Temps pourra profiter d'une antenne — un médium OEMMII — pour se manifester par diverses projections. Il pourra réaliser des projections de masse, de volumes holographiques, ou les deux dans les cas extrêmes...

Les projections en mode économie d'énergie seront un des moyens possibles pour produire des ORBs (*cf. le sous-chapitre ORBS*).

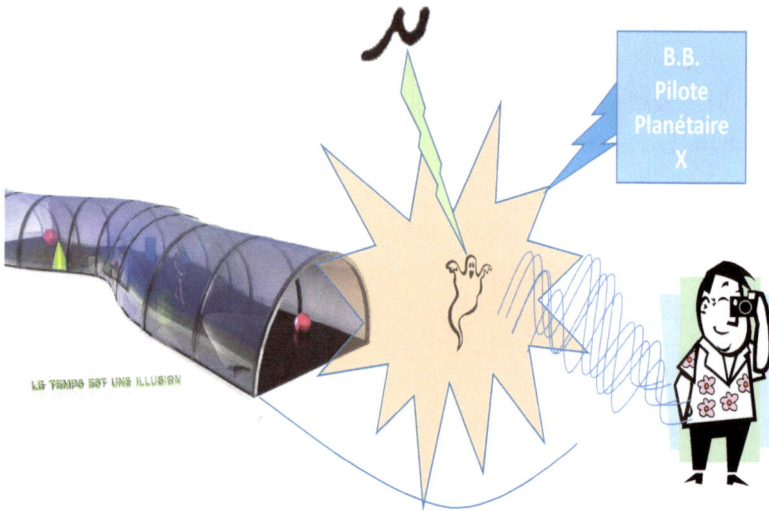

L'aura-résiduelle liée à la BUAWA augmente son niveau énergétique par absorption de bio-fréquences humaines. C'est le « fantôme » actif du défunt.

PRÉSENTATION D'UN CAS D'AURA-RÉSIDUELLE

la Penne sur Huveaune — France — photo © Michel Marcel

Cette photo d'apparence anodine ne l'est pas. le flash réverbère une tâche qui n'est visible que sur la photo numérique. Un simple renforcement de contraste et de luminosité montre que l'anomalie provient du mur derrière le tableau.

L'examen de surface du mur est parfaitement lisse, la lumière rasante ne donne aucun effet, les mesures a postériori dans l'infra-rouge et dans l'ultra-violet ne donneront aucun résultat, aucun champs électromagnétique n'est détecté.

L'histoire avait commencé par la sollicitation d'un médium par le propriétaire du lieu. Celui-ci s'inquiétait de constater régulièrement que les chaises de la maison s'étaient déplacées pendant la nuit... Sur place le médium indique être connecté à l'esprit d'une personne martyrisée et jetée dans un puits à la fin de la seconde guerre mondiale. Le puits sera identifié sous une dalle de la cave de l'habitation. Un magnétophone est mis en marche dans une pièce de la maison, puis le médium œuvre pour déconnecter l'Aura-résiduelle dans la cave. L'enregistrement livrera un message de remerciement au medium. L'ingénieur-chercheur en électronique et mesures physiques, Michel Marcel sera poussé inconsciemment à aller sans aucune raison rationnelle dans le salon du propriétaire prendre la photo présentée ci-contre.

INTERPRÉTATION DU CAS

Ce beau cas d'école très classique, traité de manière parfaite sur le terrain est largement généralisable à de nombreuses manifestations similaires, il peut s'expliquer avec la théorie proposée. Il semble que l'Aura-résiduelle dispose de suffisamment d'énergie pour se déplacer et faire des projections de démassification des chaises par effet leiyo pour signaler sa présence au propriétaire. Celui-ci réagit bien et sollicite judicieusement l'aide d'un médium.

L'intervention du médium apporte suffisamment d'énergie pour relancer le processus d'intégration de l'Ame-BUAWA au BB-planétaire. Ceci a pour conséquence de déconnecter l'Aura-résiduelle de la zone d'imprégnation initiale et se déplace au salon avant le processus d'intégration.

Les mesures sont réalisées après l'intégration de l'Aura-résiduelle ou bien après son déplacement hors du salon. Ceci peut expliquer que les mesures ne donnent aucun résultat.

ORBS ET PROJECTIONS ANIMALIÈRES

Il arrive que des ORBS semblent présenter des figures animalières ou que soient rapportés des témoignages de projections holographiques d'animaux familiers. Suivant les indications des Oummains, les animaux n'ont pas de connexion à un BUAWA. Pourtant, d'une manière indirecte, ils intègrent le Méta-Cerveau planétaire.

Le BUUAWE BIAEEI planétaire contient les informations des perceptions et processus mentaux des êtres supérieurs OEMMII. Un humain attaché à un animal domestique remontera dans le Méta-Cerveau et l'Ame-BUAWA d'énormes quantités d'informations caractérisant l'animal familier, son image, ses sons, les perceptions affectives, etc.

Lorsque l'Ame-BUAWA de l'humain défunt intègrera le Méta-Cerveau, elle retrouvera toutes les informations de cet environnement y compris celle de l'animal familier…

L'intelligence de l'animal est purement neuro-corticale, ce qui va jusqu'aux primates australopithèques, donc déjà très évolués… Dans le cas du chien ses informations de perception environnementales se retrouvent dans le Méta-Cerveau planétaire BB via les émetteurs de krypton intra-cellulaires.

L'animal qui a lui-même a remonté des flux de perceptions environnementales via ses BAYODUU-cellulaires. Ce flux est complété par les informations véhiculées par le maître de l'animal. L'agrégation des informations personnelles de l'Ame-BUAWA intégrée du maître défunt, cumulées aux multiples informations complémentaires, fait qu'une pseudo-Ame intégrée du chien est visible par son maître défunt.

L'Ame-BUAWA intégrée du maître défunt continuera à accumuler des informations éternellement. Alors que les données relatives au chien seront complètes et finies au sein du BB-planétaire.

LES POSSESSIONS

Parfois lors de séances de OUIJA notamment, le flux provenant d'une Ame-BUAWA reste connecté à la personne réceptrice. Les traditions populaires parlent de possession.

La rupture du flux nécessite un apport énergétique que semble savoir prodiguer certaines personnes usuellement dénommées exorcistes. C'est un apport de bio-fréquences énergétiques violentes. D'autres personnes plutôt qualifiés de mediums opèrent par un apport de bio-fréquences énergétiques douces via des incantations ou prières.

Dans le cas d'Aura-résiduelle restée liée à la BUAWA, la rupture du lien permettra la reconnexion de la BUAWA au BB-planétaire. L'Aura-résiduelle disparaissant par dispersion énergétique comme n'importe quel champ électro-magnétique.

LE POLTERGEIST

Le poltergeist est principalement un effet sur les masses qui semble être généré par une Aura-résiduelle.

Comme nous l'avons vu pour les effets de la transcommunication instrumentale, elle opère par des résonances et des inductions électromagnétiques. Ceci entre des appareils électroniques et des dispositifs électromagnétiques inductifs ou bien des résonances avec des fréquences émises par l'activité cérébrale humaine, ou bien encore par l'émission des fréquences d'une Aura-résiduelle. Cette Aura-résiduelle pourrait donc générer ce type de résonances et inductions électromagnétiques, et peut-être aussi un micro effet LEIYO qui générait une démassification relative, c'est-a-dire un effet de résonance gravitationnelle sur l'objet ciblé. Ceci grâce à des différences de potentiel très élevés.

Concrètement l'Aura-résiduelle produit une gamme de fréquences, plus ou moins pulsées, qui entrent en résonance avec un objet ou simplement produisent une décharge électromagnétique ou électrostatique. Le faisant ainsi bouger ou produisant un bruit par déformation locale d'une structure rigide. Il s'agit d'effets de torsion des axes des masses, tel que nous l'allons déjà présenté.

LE CAS DES AURAS-RÉSIDUELLES À L'ÎLE DE PÂQUES

Lors d'un voyage à l'Île de Pâques en 2014, le magnétiseur Gilbert Attard et Monique Aubergier sont confrontés à des phénomènes atypiques qu'ils décrivent sur le site de l'association CROPS.

Face à certains MOAI, ils sont soumis à de puissants flux télépathiques. Par ces flux les MOAI leur transmettent de nombreuses informations relatives à une culture ancestrale des Pascuans, et affirment qu'eux mêmes, les MOAI, sont vivants et qu'ils communiquent entre eux. Les flux d'informations seront faits télépathiquement en français, et channelés en Pascuan lors de la présence du guide Pascuan. Gilbert Attard vocalisera directement le flux mental reçu dans cette langue qu'il ne connaît pas…

Mon hypothèse est que chaque MOAI est entouré ou contient une Aura-résiduelle.

Mais, il ne s'agit pas d'Auras-résiduelles d'humains terrestres.

Par le fait, il s'agirait des Auras-résiduelles d'une exocivilisation. Celles-ci, très énergétiques, pourraient émettre directement des flux sur les Auras humaines et donc atteindre les centres de connexion mentaux. Il s'agit d'une connexion d'Auras-résiduelles d'une exocivilisation aux Auras des humains Gilbert Attard et Monique Aubergier. Il est probable que le flux puisse aussi se réaliser via un canal télépathique comme dans les cas de channeling. Il s'agirait des Auras-résiduelles de l'ancienne exocivilisation présente antérieurement et décrite dans la tradition Pascuane et sur les pétroglyphes de géants à crâne long.

Possiblement, certains individus décidèrent de mourir sans intégrer le Méta-cerveau et en laissant leur Aura-résiduelle garder le lieu.

Cette hypothèse est renforcée par l'expérience de la grotte de Vaî Teka où Gilbert Attard et Monique Aubergier détecteront que des Auras-résiduelles de cette exocivilisation protègent aussi ce lieu.

Les Auras-résiduelles de l'exocivilisation des géants à crâne long semblent avoir des capacités bien différentes des Auras-résiduelles des humains terrestres. En effet, un MOAI particulier, aux yeux, projette un flux important sur Monique Aubergier. Ceci a pour effet d'augmenter son acuité, probablement dans les fréquences du haut-UV et permet à Monique Aubergier de visualiser des engins extra-terrestres.. Elle voit de multiples engins que les autres touristes du groupe ne voient pas…

Ces engins sont probablement encapsulés par un champ de dérivation photonique dans les fréquences du visible humain, pour les rendre invisibles aux humains terrestres. Chose partiellement maîtrisée par la science terrestre. En augmentant l'acuité de Monique Aubergier, le MOAI aux yeux a voulu lui donner la possibilité de voir ces engins. Dans le cas présent, 3 exocivilisations distinctes seraient présentes actuellement sur l'île de Pâques.

LONGUEUR D'ONDE DES FANTÔMES

Sans faire un historique exhaustif des techniques et recherches sur les bio-fréquences liées à l'aura humaine, donnons en néanmoins un petit aperçu. C'est en 1936 que les recherches de Roy Davis et Walter C. Rawls les amènent à identifier le biomagnétisme humain. De nombreuses études et développements traiteront ce domaine de bio-fréquences, mais il y en a d'autres. En 1939 le soviétique Semyon Kirlian et sa femme Valentina prennent des clichés photographiques qui montrent un halo lumineux autour d'un objet soumis à une haute tension électrique.

Ce halo lumineux est expliqué par un effet dit corona de l'ionisation gazeuse engendrée aux abords immédiats de l'objet plongé dans un fort champ électrique continu ou alternatif. Un plasma est alors créé et les charges électriques se propagent en passant des ions aux molécules de gaz neutres, le fluide s'ionise et devient un plasma conducteur. Cet effet dépend aussi du diamètre de l'objet, de son état de surface, de sa densité et l'humidité de l'air environnant. Il n'est pas exclu que les résonances de Schumann de 3 à 30 Hz du champ électromagnétique terrestre aient aussi un impact sur l'effet corona…

En 1983, les chercheurs indiens Kejariwal, Chattopadhya et Choudhury ont montré que l'effet corona se produit aisément avec des fréquences supérieures à 100 kHz et une tension entre 15 à 20 kV.

De nombreux dispositifs de mesure des fréquences des champs électriques humains ont été inventés. La fréquence normale de l'activité électrique du cerveau se situe entre 0 et 100 Hz avec des maxima dans le premier tiers de la bande. Celle des muscles monte fréquemment aux alentours de 225 Hz, et les mesures prises sur le cœur donnent environ 250 Hz, mais c'est là le plafond de cette activité électrique associée aux fonctions biologiques. On notera que chez les poissons électriques les fréquences sont aussi de l'ordre de 250 Hz.

Comme nous l'avons évoqué précédemment, Valérie Hunt à utilisé un électromyographe qui est technique de diagnostic utilisant des courants électriques. Les bio-fréquences de l'Aura allaient de 100 à 1 600 Hz. En outre, au lieu d'émaner du cerveau, du cœur ou d'un muscle, cette activité électrique s'intensifiait au-dessus des zones traditionnellement associées aux chakras. Elle découvrit également qu'à chaque couleur détectée par clairvoyance dans l'aura d'une personne correspondait une courbe de fréquence qu'elle apprit à lui associer et dont un oscilloscope donnait une traduction sur l'écran. Par ailleurs, huit médiums purent simultanément comparer leurs perceptions à celles de leurs collègues et au tracé généré par l'oscilloscope.

L'émission et transmission d'informations via des bio-fréquences humaine est aussi un fait établi dans de multiples longueurs d'ondes. En 1962, le professeur Anna Gurwitsch, grâce à l'utilisation du photomultiplicateur confirme l'existence de biophotons. Les travaux se poursuivent avec Terence Quickenden, Shane Que Hee en 1974. Fritz-Albert Popp, inventeur du terme, définit les biophotons par l'intensité de leur émission à la surface des tissus vivants, qui est de l'ordre de 10 à 1000 photons par centimètre carré et par seconde. La magnitude typique des biophotons est dans les spectres visible et ultraviolet, et les biophotons sont impliqués dans le métabolisme intracellulaire.

Il est possible que les flux informationnels intracellulaire, chimiques, magnétiques, électriques, scalaires, photoniques soient plus ou moins redondants pour la sécurité du bon fonctionnement de tout ce métabolisme très sophistiqué, nécessitant de très nombreuses interactions coordonnées… Ces mécanismes résilients sont usuellement utilisés dans les technologies industrielles de contrôle et de pilotage…

Les hologrammes d'Auras-résiduelles peuvent être captés par les appareils photo numériques. De plus, généralement l'énergie produite par les Auras-résiduelles inhibe les photorésistances au sulfure de cadmium des flashes.

Ceci signifie que ces hologrammes renvoient des fréquences dans l'ultra-violet ou l'infra-rouge. Les enfants voient les projections d'entités plus facilement que les adultes. La courbe d'efficacité spectrale d'enfants de 2 mois comparée à celle d'adultes (Dobson 1976) montrent que le nourrisson présente une sensibilité plus élevée des courtes longueurs d'onde (de 400 à 500 nm) de 0,3 unité logarithmique que chez l'adulte.

Il semble que chiens et chats qui voient dans l'Ultra-Violet, perçoivent aussi l'énergie produite par les Auras-résiduelles.

Spectres infra-rouge et ultra-violet des photorésistances des appareils photos numériques

DES BIO-FRÉQUENCES SCALAIRES ?

Nous voyons donc avec ces multiples systèmes de mesure que l'aura humaine, et l'Aura-résiduelle, sont au moins partiellement détectables et mesurables.

Nous soupçonnons que ces Auras-résiduelles produisent aussi des bio-fréquences scalaires, dont les effets sont appelés LEIYO par nos amis d'UMMO. Ces bio-fréquences scalaires permettraient les torsions ou basculement d'axes dimensionnels pour provoquer divers phénomènes tels que la démassification des objets, généralement appelée psychokinèse, etc.

Dans le cas que nous avons précédemment évoqué de Gilbert Attard et Monique Aubergier à l'Île de Pâques, la tradition Pascuane affirme que les MOAI se sont déplacés de la carrière du volcan à leur lieu d'installation, tout seuls et debout.

Mon idée est que les Pascuans faisaient des chants rituels qui servaient de porteuses à l'émission des bio-fréquences scalaires. Ce qu'ils appellent le Mana. Individuellement certains Pascuans l'ont. Par le fait des rythmes des psaumes, les bio-fréquences scalaires entre-raient en résonnance et produiraient des torsions d'axes OAWOO sur la masse des MOAI, permettant leur déplacement par petits bonds. Certains MOAI pèsent 250 tonnes…

Il est à signaler que le Mana est aussi une faculté connue et utilisée en Afrique.

Le stockage d'informations dans la traînée spatio-temporelle est potentiellement éternel. Une Aura-résiduelle peut y rester piégée longtemps. L'information émise par les bio-fréquences d'une personne, quel que soit son état, peut aussi potentiellement être stockée dans les structures cristallines de minéraux. Le stockage est très stable, il peut être conservé sur de très longues périodes.

Schéma des flux holographiques : stockage et lecture

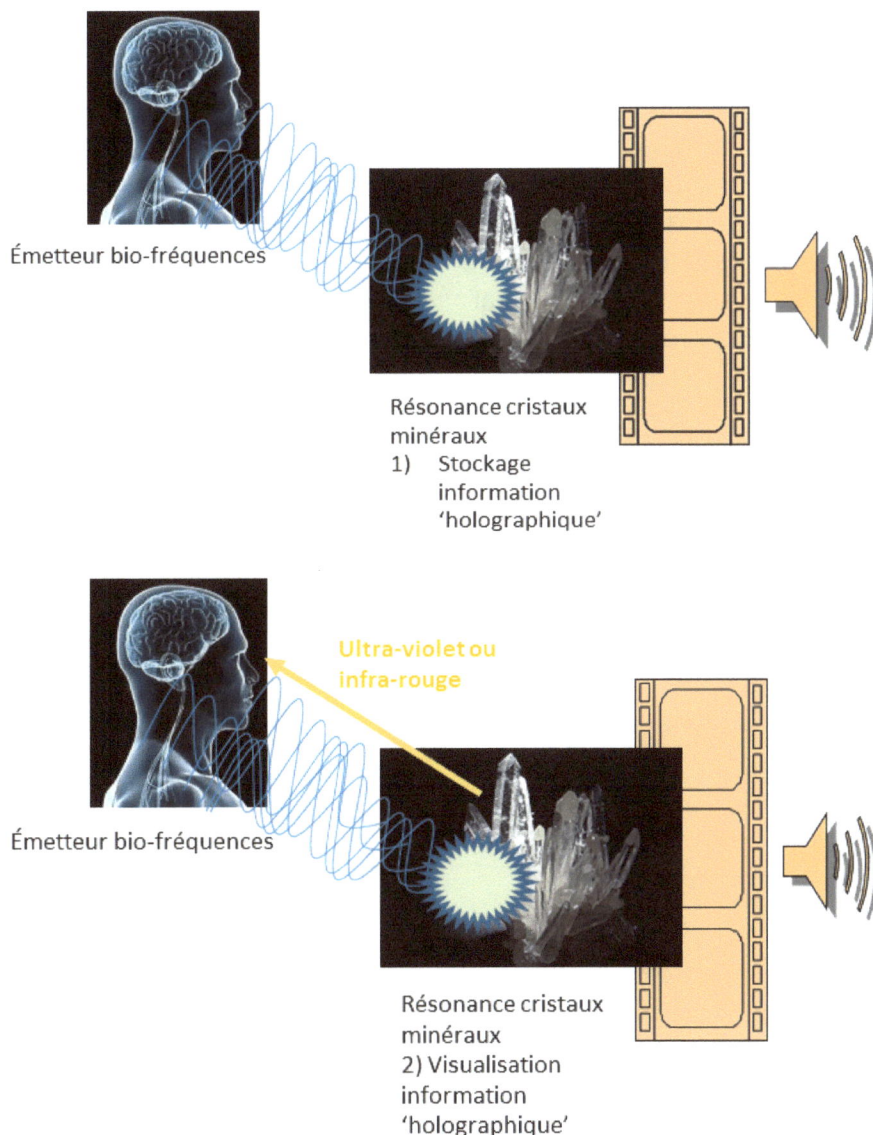

Émetteur bio-fréquences

Résonance cristaux minéraux
1) Stockage information 'holographique'

Ultra-violet ou infra-rouge

Émetteur bio-fréquences

Résonance cristaux minéraux
2) Visualisation information 'holographique'

LES ORBS

L'arrivée des appareils photo à capteurs numériques a été accompagnée des phénomènes de réverbération de lumière sur les poussières et de diverses aberrations chromatiques. Cependant, ces causes n'expliquent pas la nature de toutes les observations.

Par exemple, dans un lieu clos, sans manifestation de poussières lors de photos réalisées dans une pièce vide, il n'y a pas d'ORBs. Lorsque dans la pièce il y a des personnes qui réalisent des activités psychiques soutenues, il peut se manifester des bulles sur des clichés même sans flash.

L'hypothèse est que ces genres d'ORBs sont des projections qui se forment suivant les différents types de projections présentés précédemment. Certains résultent d'une projection via un individu relais et d'autres sont de simples projections holographiques issues d'un stockage minéral... Mais ces projections ont pour point commun d'avoir un niveau énergétique faible. Ce qui limite le phénomène à des projections minimales, aux manifestations réduites. Lors de l'utilisation de flash, l'énergie réverbérée imprègne le capteur photo et en révèle la forme.

On retrouvera aussi bien des projections donnant des visages de faible définition que de simples bulles opaques, mais même dans ce mode en économie d'énergie des enregistrements en transcommunications sont signalées et certains médiums rapportent avoir été en connexion avec l'ORB.

Exemple de plusieurs projections — celle du centre est agrandie — Septembre 2012 dans la Chapelle St Jaume à Carcès — France — photo © Mylène Marcel

CROP CIRCLE ET FANTÔMES

Mes amis Nancy Talbott et Chris Cooper m'ont contacté pour une collaboration sur des cas de Crop Circle, suite à un cas de photographies de divers hologrammes présentant divers personnages, dont celles d'un E.T. bleu indigo et d'un engin spatial.

Ces hologrammes étaient-ils fait par nos amis d'outre espace ? Par exemple, les faiseurs de Crop Circles que nous avions identifiés dans *Présence, Ovnis, Crop Circles et Exocivilisations* ?

Y avait-il un lien avec les cristaux d'hydromagnésite ou dolomite purs retrouvés dans certaines formations ?

www.robbertvandenbroeke.com et www.bltresearch.com

Toutes les photos présentées ici sont prises avec l'appareil photo de Nancy Talbott en compagnie du médium Robbert van den Broeke.

J'ai donc pris l'hypothèse que les hologrammes résultaient du stockage d'informations dans les cristaux d'hydromagnésite. Mais, un seul lieu était dans ce cas. Ensuite, nous avons pris l'hypothèse que les hologrammes étaient liés aux Crop Circles eux-mêmes. Mais nombre de photos sont bien en dehors des formations. J'ai sollicité des spécialistes de notre équipe pour analyser et comparer l'image E.T. bleu indigo et celle des faiseurs de Crop Circles que nous avions identifiés dans *Présence, Ovnis, Crop Circles et Exocivilisations*. Mais ce ne sont pas les mêmes personnages.

J'en conclus que c'est la présence du médium Robbert van den Broeke qui est la cause de ces projections. Il n'y a donc aucun lien avec les Crop Circle eux-mêmes, ni nos amis d'outre espace.

EXPÉRIENCE DE MORT IMMINENTE OU NDE

Les EMI ou Near Dead Experience sont les preuves vivantes du modèle cosmologique proposé.

Dans cet état les bio-fréquences cérébrales sont stoppées, mais le complexe d'atomes de krypton de l'OEMBUAWA continue à recevoir suffisamment l'énergie pour continuer à fonctionner et commence un flux LEIYO d'intégration de L'Ame-BUAWA au BB-planétaire. Nous allons voir par l'explication d'un cas concret que deux phénomènes distincts peuvent se produire.

En 1991, à Phoenix, Arizona, le cas de Pamela Reynolds est entièrement documenté lors d'une intervention chirurgicale qui la place en état de mort clinique durant plus d'une heure. Le Dr Spetzler met en place un arrêt circulatoire hypothermique à 15,5 ° C et draine le sang pour traiter l'anévrisme. Dans ces conditions le corps peut normalement survivre entre 30 et 60 minutes.

Pamela Reynolds raconte être sortie de son corps et avoir observé toute la scène du dessus. Le chirurgien Robert Spetzler l'atteste : à ce moment de l'opération Pamela Reynolds était cliniquement morte... mais le complexe d'atomes de krypton de l'OEMBUAWA continue à recevoir suffisamment l'énergie pour continuer à fonctionner.

Dans un premier temps, l'Aura de Pamela Reynolds se détache de son corps. Son Aura reste connectée à son Ame-BUAWA et au BB-planétaire. L'aura capte un ensemble de fréquences y compris les bio-fréquences du médecin et des personnes du plateau technique de chirurgie. L'aura voit, entends et transmets les données à son Ame-BUAWA et au BB-planétaire.

Dans un second temps, l'aura commence l'intégration de L'Ame-BUAWA du sujet au BB-planétaire dont elle dépend. L'Ame-BUAWA peut alors commencer à échanger des informations avec d'autres Ames-BUAWA déjà intégrées au BB-planétaire.

Le BB-planétaire décide des informations qu'il souhaite intégrer. Lorsqu il n'y a plus de bio-fréquence cérébrale, mais que malgré tout le complexe d'atomes de krypton de l'OEMBUAWA est toujours opérationnel, il est possible que le BB-planétaire refuse la connexion à une Ame-BUAWA et tente de la reconnecter à son corps. Si la reconnexion réussit c'est parce que le corps a récupéré assez d'énergie, et que les structures neurologiques du cerveau sont opérationnelles, le sujet reprendra sa conscience terrestre. Sinon, malheureusement le sujet restera à l'état végétatif avec un OEMBUAWA opérationnel, mais des structures cérébrales inopérantes.

L'AURA RÉSIDUELLE-KYSTE MÉMORIEL

Quelque temps après le décès de son père, mon ami Frédéric commence à souffrir de la hanche gauche. A tel point, qu'en peu de temps il ne se déplace que péniblement avec une canne et un corset. Il n'a pas 40 ans et les examens médicaux approfondis qu'il passe sont formels : il n'a absolument rien à la hanche et est en parfaite santé...

Est-ce une douleur psychosomatique due au décès de son père ?

La douleur est bien réelle et handicapante. Philippe Douillet, notre ami expert en géométrie, a aussi des aptitudes à percevoir les Auras et Auras-résiduelles. Il constate qu'une Aura-résiduelle est connectée à la hanche gauche de Frédéric. Il émane aussi de cette Aura-résiduelle des informations. Celle-ci serait la manifestation d'une personne décédée lors de la guerre de Crimée vers 1853-1854. Le défunt aurait été un soldat du corps expéditionnaire envoyé par Louis-Napoléon Bonaparte, ayant reçu un éclat d'un des premiers obus creux et explosifs tiré à cette occasion. Un éclat aurait atteint la victime à hanche gauche et provoqué son décès.

L'Aura-résiduelle se présentait sous la forme d'un kyste mémoriel qui émanait de l'arrière de la hanche gauche de Frédéric. Philippe le décrit comme ressemblant à un champignon de moisissure, un fongique de 70 à 80 cm de long avec à son extrémité une tête, grosse comme 2 poings... Bien qu'impalpable, Philippe dit que la tête ressemble à un écheveau compact de petites cordelettes sombres (couleur entre bitume et chocolat très noir), aussi dur qu'une boule de ficelle, mais constitué de beaucoup de morceaux. Chaque morceau lui semble être un bout d'une mémoire, un évènement mal vécu. Dans la culture védique on appelle ça aussi un résidu karmique.

Mon hypothèse, est que la mort violente du soldat a classiquement stoppé l'intégration de l'Ame au BB. Mais, un contexte émotionnel particulier, dont les paramètres restent à établir, aurait structuré l'Aura-résiduelle sous la forme d'un kyste mémoriel. Ce dernier étant donc lié à l'Ame du défunt et à la connexion à BB stoppée dans son processus d'intégration.

Bien que nous n'ayons pas d'informations précises à ce sujet, nous pouvons imaginer que l'aura résiduelle du soldat aurait pu rester sur le champ de bataille, et par hasard et opportunité, elle aurait trouvé une Aura porteuse, ou transporteuse... Peut-être un camarade qui survécu et rentra ultérieurement en contact avec la famille du défunt. Se faisant, l'aura résiduelle ainsi transportée pourra alors se connecter à un être vivant familier... Passant ainsi au cours des générations d'un proche à un autre, cette Aura-résiduelle se serait attachée au père de Frédéric. Au moment du décès de ce dernier, l'Aura-résiduelle aurait donc changé de porteur. Frédéric confirmera ultérieurement qu'un de ses arrière-grands oncles décéda lors de la guerre de Crimée...

In fine, Philippe Douillet put transmettre suffisamment d'énergie à cette Aura-résiduelle pour qu'elle se détache de Frédéric et se délite dans un processus de reconnexion normal de l'Ame de ce défunt. Philippe utilisera des bols tibétains dont les harmoniques vont servir d'ondes porteuses pour son aptitude à projeter des ondes bio-scalaires sur le kyste mémoriel dont le trauma est reconnu et lâche prise en absorbant l'énergie suffisante pour relancer son processus d'intégration définitif au BB...

Quand j'ai eu trouvé intuitivement le bon bol, la bonne sonorité de ce bol, la bonne position, le bon angle,... le kyste mémoriel a commencé à se désagréger. A devenir moins compact, moins opaque. Les différents bouts de cordelette ont commencé à se détricoter. A la fois à prendre plus d'espace et à devenir moins sombres. Le phénomène a continué, les cordelettes s'écartèrent de plus en plus les unes des autres, prenant plus en plus de volume... Mais sans changement de position l'une par rapport à l'autre.

Et elles devinrent aussi de plus en plus lumineuses.

Au début le kyste mémoriel était gros comme 2 poings, puis comme un ballon. Il passa de ballon de handball à ballon de basket puis ballon de plage... Les cordelettes devinrent non seulement lumineuses, mais de plus en plus transparentes. A la fin l'ensemble devient tellement volumineux et transparent qu'il disparaîtra à ma vue.

CONCLUSION

La communication avec les esprits dépeinte comme un sujet paranormal ou métaphysique, est rationalisée à l'aide du cadre cosmologique décrit dans les documents du dossier UMMO.

Nous pensons que le noyau amygdalien, la glande pinéale et les noyaux subtalamiques sont les zones cérébrales clés dans les connexions de notre Ame-BUAWA au BB-planétaire, et à l'émission des bio-fréquences humaines.

Il y aurait 3 grandes classes de phénomènes :

• les connexions des Ames-BUAWA des défunts intégrées au BB-planétaire qui sont à l'origine des projections de bio-fréquences résonnantes

• les manifestations d'Auras-résiduelles qui produisent aussi des effets par résonances, produisent les principaux fantômes et poltergeist

• le stockage holographique dans les minéraux qui est visible par des effets radar des bio-fréquences humaines, produisent certains ORBS et fantômes

Les modèles de projections résultent tous d'effets LEIYO de la torsion d'axes dimensionnels AOWOO. Projections de masses, de volumes ou cumulées. Tous ces phénomènes de projections sont exprimés sous le même terme de fantômes.

Les quelques modèles types que j'ai imaginés par prospective m'ont permis de donner un sens rationalisé à tous les cas qui m'ont été soumis jusqu'à présent. Certains cas sont réellement extraordinaires, il faut une bonne dose de patience et de bienveillance pour garder une ouverture d'esprit à la fois critique et constructive pour étudier ces cas. Un cadre de pensée rationnalisé via la cosmologie permet cette démarche d'analyse. In fine, ce n'est pas DIEU qui crée l'Homme à son image, mais l'Homme qui remplit le Méta-Cerveau planétaire de ses images.

Nous pouvons espérer que dans les décennies à venir nous pourrons disposer des moyens techniques d'expérimentation de ces thèses dans un cadre public et civil...

⊠

10

1 2 3 4 5 6 7 8 9

ABDUCTIONS ET MANIPULATIONS MENTALES

DIEU ET LES EXOCIVILISATIONS

Dans *Présence 1 – Ovnis, Crop Circle et Exocivilisations* en 2007, nous avions présenté un tableau de synthèse détaillé décrivant 18 exo-civilisations. Depuis des informations complémentaires, par ailleurs confirmées par nos amis d'UMMO, sont venues enrichir nos connaissances à ce sujet.

En 2015, nous avons donc 23 exocivilisations installées sur Terre ou sur la Lune. Comme nous l'avions expliqué dans l'ouvrage Présence 1 leurs visites ont des objectifs scientifiques divers, dans le cadre d'une Pax Galactica qui est à l'œuvre. Celle-ci est assurée par une (au moins) exocivilisation très ancienne et très évoluée (nettement plus que les 23 exocivilisations qui nous visitent) et elle garantit notre sécurité cosmique générale. Autrement dit, aucune exocivilisation ne peut envahir la Terre ou exercer des activités belliqueuses envers les terriens, ni envers l'ensemble de la planète.

Comme nous avons pu le constater partiellement et suivant nos amis d'UMMO, parmi ces 23 exo-visiteurs les objectifs expérimentaux de nos visiteurs sont très variés, et leurs incidences sur les Terriens aussi.

Même si leurs comportements sont dans les limites déontologiques permises dans le cadre de la Pax Galactica, les perceptions de ces limites dépendent de la psychologie de nos visiteurs.

Le comportement de nos visiteurs dépendra aussi pour une part de leur physiologie. Par exemple, certains d'entre eux pouvant avoir une physiologie qui absorberait les bio-fréquences humaines, rendant leur contact physique potentiellement dangereux pour nous. Nous pourrions nous décharger comme de vulgaires piles...

Mais, les incidences potentiellement les plus néfastes sont plus à craindre d'une psychologie issue d'une non maîtrise ou reconnaissance de l'ensemble de objets de la cosmologie universelle.

En effet, toutes les exocivilisations qui maîtrisent le panorama cosmologique que nous avons présenté, ont nécessairement compris les interdépendances entre les exocivilisations. Ceci se résume par : Tout ce qui est mauvais pour nous, est mauvais pour les autres exocivilisations.

Néanmoins, parmi nos 23 races de visiteurs d'outre-espace, 4 d'entre-elles ne reconnaissent pas tous les objets de cette cosmologie. Examinons-en les incidences :

Comme nous l'avons vu en détail, la connaissance de la structure du Multi-cosmos WAAM-WAAM est indispensable pour maîtriser les voyages interstellaires. Mais cela n'a pas d'incidence évidente sur les psychismes de nos visiteurs.

Concernant WOA, DIEU, parmi l'infinité des ondes que celui-ci transmet dans l'Univers via les Méta-cerveaux planétaires, diffuse des lois éthiques. Le fait de ne pas reconnaître cette entité transcendante amoindrit probablement leur impact, mais pas la perception globale de l'éthique qu'elles sous-tendent. Nos visiteurs ont donc leur éthique spécifique issue de la trame générale. Il est certain que les 19 exocivilisations bienveillantes qui sont sur notre sol adhèrent à ce concept. La majorité de celles-ci semblent pratiquer une Méta-physique, ou religion ritualisée autour du concept de Dieu, ceci probablement en rapport avec leur historique culturel. C'est l'évolution logique pour tous les humains... de tous les cosmos.

La connaissance de AIIODII, le Réel Absolu, de la XOODII WAAM, la courroie inter-cosmique sont probablement implicites aux civilisations voyageuses du cosmos. Par exemple, sans cela les divers systèmes de mesure ne pourraient être développés à un niveau avancé.

La connaissance du WAAM-UU, le Méta-Cerveau Cosmique et du cerveau planétaire BUUAWE BIAEEI est un point sensible. Elle permet notamment de prendre en compte les interactions positives ou négatives d'une civilisation sur une autre à un niveau cosmique. Ne pas maîtriser cet aspect, pourrait laisser penser à une exocivilisation que ses actes sont indépendants des autres et donc, que des expériences sur les autres ne les impactent pas. On perçoit là le risque de dérapages... Une méconnaissance du WAAM-U, le cosmos des Ames et de la BUAWA, l'Ame auraient évidemment les mêmes risques...

C'est donc un de ces cas de figure qui concernerait 4 exocivilisations sur notre sol. Pour 2 d'entre elles, nous avons pu synthétiser des informations plus précises. Nous allons d'abord voir le cas des GOHOiens qui sont impliqués dans un programme scientifique incluant des abductions de terrestres dans le cadre d'accords secrets, illégaux et illégitimes, avec l'armée américaine

Au chapitre 12 dans *Les Anunnaki et les Reptiliens*, nous évoquerons ensuite le rôle probable des 2 — iens, souvent mentionnés dans le fatras des rumeurs et de la désinformation sous le terme de Reptiliens.

LES ABDUCTIONS

Nous avons signalé dans *Présence 1 – Ovnis, Crop Circle et Exocivilisations* une information relative aux abductions. L'exocivilisation des GOHOiens réalisa de 1948 à 1988, une étude de physiologie et de psychologie sur les humains terrestres, en très grande partie sur le territoire des USA. Depuis, il semble que quelques autres exocivilisations aient des pratiques similaires.

L'étude de physiologie sur les humains terrestres fut conduite sans lésion sur les sujets. Contrairement aux autres exocivilisations, les GOHOiens semblent ne pas avoir les moyens technologiques suffisants pour réaliser étude de physiologie avec des moyens d'analyse à distance. Cette double expérimentation de physiologie et de psychologie de longue durée n'est pas passée inaperçue de par les conséquences de l'étude psychologique menée sur les sujets.

Elle est relatée à travers de nombreux témoignages relatifs à une exocivilisation *petits à grosse tête et grands yeux*. Sur la base des données de *Présence 1 – Ovnis, Crop Circle et exocivilisations* nous pouvons estimer sommairement que 70 % des exocivilisations sont des individus petits à grosse tête, et qu'il s'agit très probablement de l'espèce décrite par Budd Hopkins.

Portrait robot d'un GOHOien par G. Cousin

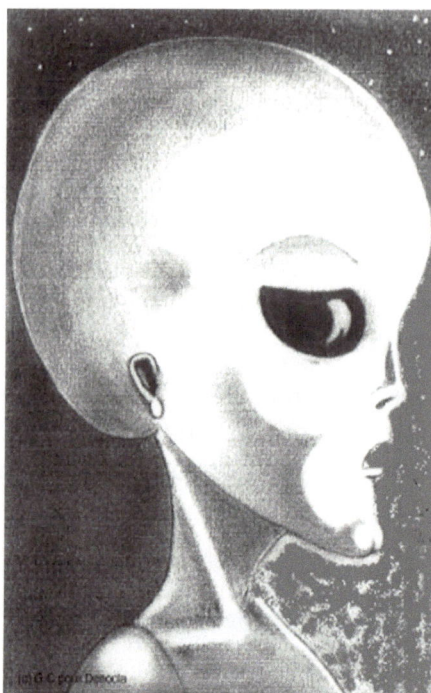

Sur environ un millier de cas, un nombre significatif de sujets relatent d'avoir été témoins d'une observation d'Ovni.

LES MANIPULATIONS MENTALES ET LE FLASHAGE MÉMORIEL

L'hypnothérapeute Yvonne Smith montre que les sujets ont des souvenirs standardisés.

Alors que l'ovni est généralement décrit comme faisant quelques dizaines de mètres de diamètre, le sujet décrit une situation où il aurait été conduit dans d'immenses laboratoires à l'intérieur du vaisseau spatial. Les autres thèmes récurrents sont ceux de l'analyse médicale et de la fabrique d'êtres hybrides.

Dans un absolu théorique, la compression des volumes est possible pour des voyages inter-cosmiques, dans des conditions très particulières, mais les abductés sont dans notre cadre dimensionnel terrestre conventionnel répondant aux lois physiques classiques.

L'incohérence du contenu du souvenir standardisé avec les dimensions réellement observées de la taille de l'engin, peut nous laisser penser qu'une partie de l'expérience psychique a pu consister à transférer dans le cerveau du sujet de faux souvenirs.

Nous pouvons penser que certaines de ces expériences consistent principalement à tester les capacités d'analyse critique du sujet face à des situations posant des questions d'éthique…

Cette implantation de faux souvenirs standardisés, ce flashage mémoriel, est effacée de la mémoire consciente du sujet après l'expérience. Manque de chance pour les expérimentateurs d'outre espace, les techniques d'hypnose ont révélé l'abduction et la manipulation psychique.

Dans des cas ponctuels, le flashage mémoriel transmet au sujet des connaissances ou aptitudes nouvelles : des capacités à produire des réalisations électroniques atypiques alors que la personne n'a jamais eu la moindre connaissance sur ce sujet, des capacités à produire des dessins très élaborés alors qu'auparavant la personne n'a jamais eu cette compétence...

Les vraies abductions sont probablement moins nombreuses que ce que les nombreux témoignages peuvent laisser penser, mais le flashage mémoriel paraît être très fréquemment utilisé par diverses exo-civilisations. En voici quelques exemples.

LE FLASHAGE MÉMORIEL DE CONNAISSANCES

En 1996, Soissons en France, une estafette de la gendarmerie effectue une ronde nocturne en campagne. L'estafette est arrêtée nette sur la route, ne pouvant ni avancer, ni reculer, à proximité d'une lumière puissante derrière un buisson. Tous les gendarmes diront être restés conscients, mais paralysés. Un seul d'entre eux, Jean-François sort du véhicule et va derrière le buisson. Il ne se rappellera plus de rien, mais selon ses collègues il est parti au moins 30 minutes. A partir de ce moment, sa vie a changé, il a été attiré par des technologies qu'il ne connaissait absolument pas — électronique, moteur à explosion —

et il semble avoir acquis spontanément la connaissance de ces techniques, sans formation d'aucune sorte... Il réalisait ainsi des montages électroniques quasiment en prenant des composants au hasard, sans rien y connaître, ne sachant pas lui-même pourquoi il opérait ainsi. Mais cela fonctionnait! Ce gendarme néophyte des sciences et de la technologie déposera plusieurs brevets à l'INPI. Il perfectionnera de manière exceptionnelle le moteur à explosion Pantone à eau 87 % - essence 13 %! Brevet n° 0902947 racheté et enterré prestement par un constructeur automobile, qui tombera dans le domaine public en 2020... peut-être.

LE FLASHAGE MÉMORIEL D'APTITUDES

La Ciotat en France, 1976, Claude G circule en voiture près de la montagne de Lure en soirée. Au sommet d'une cote, une boule très lumineuse décolle à proximité de son véhicule en provoquant une embardée et affectant le conducteur de vifs picotements et de tremblements. Le conducteur dit avoir simplement continué sa route.

Quelque temps plus tard, Claude est sur son lieu de travail, à 50 ans il souffre d'un problème de hernie discale et ne peut pas soulever de charges supérieures à 30kgs. Ce matin, dans l'atelier, avec ses collègues, il range une cargaison de brides. Elles sont légères, pense-t-il, et il les transporte à bout de doigt par paire. Les autres collègues eux se sont arrêtés de ranger les brides et le regardent bizarrement : chaque bride pèse 34,5 kgs. Claude transporte sans effort 138 kg du bout des doigts... Durant deux mois et demi, le sujet sera capable, en se concentrant quelques secondes, de soulever des masses jusqu'à 950 kg !

Il indiquera qu'une image se forme dans sa tête et qu'il comprend alors qu'il peut soulever les masses. Ses collègues de travail mentionneront que Claude semble ailleurs lorsqu'il réalise ces actions et lui-même ne se souvient pas toujours clairement de ce qu'il a fait en leur présence.

En expérimentant la torsion d'une barre de fer de 26 mm de diamètre et en faisant faire le test à un jeune collègue, ils constateront que Claude émet une force qui permettra à son camarade de travail de tordre aussi la barre métallique.

Nous pensons que ce phénomène d'objet caoutchouc est induit par la démassification partielle produite par les bio-fréquences émises par le sujet.

Aucune explication médicale n'est trouvée pour expliquer les aptitudes impossibles du sujet...

LE FLASHAGE MÉMORIEL D'APTITUDES ET DE CONNAISSANCE

En zone rurale aux environs de Salers en France, 1994, Gérard C et sa famille observent à plusieurs reprises des engins sphériques à proximité de leur maison. Peu après, bien qu'il n'ait pas étudié la botanique, Gérard constate, sans s'expliquer pourquoi, qu'il connaît le nom de n'importe quelle plante... Mieux, il pressent inconsciemment exactement où pousse la plante à quelques kilomètres de distance...

Gérard, sa femme et leurs enfants relateront des rêves ou observations étranges durant plusieurs années, certaines similaires en tous points avec les témoignages Budd Hopkins, John Mack ou Yvonne Smith.

ETATS MODIFIÉS DE CONSCIENCE

Une première difficulté est que différents phénomènes sont désignés avec le même terme fatras de OBE (Out of Body Experiment) :

• des phénomènes endogènes, produits uniquement par le cerveau

• des phénomènes exogènes avec des données du Méta-cerveau ou de l'Ame-BUAWA qui interfèrent...

• ou bien encore, des phénomènes liés à l'Aura

Suivant mon ami Christopher Blake, lui-même confronté à des expériences déstabilisantes, de nombreux cas d'abductions sont sans liens avec les exocivilisations. La personne vit une expérience pour laquelle elle n'a pas de références ou connaissances personnelles pour analyser le phénomène et le replacer dans un cadre sécurisant, et y mettre fin. L'expérience est rapportée au début de l'endormissement *(paralysie hypnagogique)* ou au moment du réveil *(paralysie hypnopompique)*, elle se trouve donc présente dans des moments d'éveil et de sommeil. La personne se retrouve paralysée, dans l'incapacité d'effectuer des mouvements volontaires, et en même temps consciente d'être dans cette situation. Pour vivre cela, il n'y a pas besoin de présenter des troubles cliniques, ce sont des états assez communs, mais dont l'intensité varie selon les personnes. Ces états sont communs, car liés au développement du système nerveux et du cerveau, un phénomène de physiologie cérébral et glandulaire.

Dans cet état particulier d'être entre la veille et le sommeil, la personne va percevoir sa chambre, et entendre des sons, sentir des souffles, sensations d'élévation, de vibrations, de picotements électriques, de lumières, etc. Le plus troublant seront les sensations où l'on sent que les couvertures se déplacent, que le lit peut bouger, une présence perçue comme une menace, des sensations de touchers sur le corps ou/et dans le corps, des pressions fortes, que l'on s'allonge sur soi, que l'on veut entrer en soi, voir même des tentatives ou des rapports sexuels vécus. Tous les sens sont stimulés. Sa vivacité et sa durée le distingue d'un rêve habituel et forme une expérience qui interroge. Selon le scénario, les variations de l'expérience iront de la peur panique, jusqu'à l'état d'extase ou de plaisir pour la plus agréable. Il est très difficile pour une personne de ne pas être paniquée par ce vécu très réel, et donc forcément traumatique. La consultation avec un thérapeute pourra dès lors présenter le diagnostic d'une expérience traumatique.

Nous retrouvons tout ce panel d'observations dans les états modifiés de consciences, les fameuses expériences de sorties hors du corps ou OBE *(Out of Body Experiment)*. Ces expériences sont vécues elles aussi au moment de l'endormissement, du réveil, ou dans l'expérimentation lors du sommeil de ce que l'on nomme rêve lucide. Ces phénomènes sont connus depuis des centaines d'années dans différentes traditions spirituelles et notamment dans les pratiques du yoga du rêve et de la Claire lumière du Bouddhisme Tibétain et du Dzogchen Bön. Certains pratiquants les recherchent soit comme un jeu, soit comme une pratique indispensable dans les voies d'Eveil ou d'alchimie interne, qui nécessitent justement un travail sur les niveaux de conscience. Le rêve associe des fonctions endocriennes, thyroïdiennes et nerveuses liées aux rythmes cérébraux. Suivant le Dr Lefebure les sorties hors du corps s'expliquent par de la physiologie cérébrale, des exercices particuliers permettant une synchronisation inter-hémisphérique, dont certains agissent sur les centres d'éveil et du sommeil, permettant d'expérimenter ce double état savoir que l'on rêve, agir sur ce dernier, et aussi vivre des sorties hors du corps. Terme inapproprié puisqu'en fait il s'agit d'exploration de niveaux de conscience dont fait partie notre réalité. Donc vous n'êtes pas hors, mais dans.

La difficulté de l'analyse réside dans l'extrême embarras que nous avons pour déterminer si ces processus cognitifs sont purement et strictement endogènes, produits uniquement par le cerveau et les fonctions endocriniennes, ou bien si des données du Méta-cerveau ou de l'Ame-BUAWA interfèrent...

Me concernant, je prends en considération le terme OBE (Out of Body Experiment) uniquement pour désigner la déconnexion de l'Aura d'avec le corps, notamment lors de NDE.

CONCLUSION

Le flashage mémoriel semble être utilisé par plusieurs exocivilisations pour des expériences psychiques qui contribuent malheureusement à entretenir une psychose et un sentiment de xénophobie anti-exocivilisations compréhensible.

Ces pratiques expérimentales sont condamnables et indélicates. Il ne faut cependant pas perdre de vue qu'il ne s'agit que de manipulations psychiques avec de faux souvenirs à buts expérimentaux sans intention de nuire.

Le principal problème étant surtout qu'il s'agit des programmes scientifiques d'abductions de terrestres dans le cadre d'accords secrets, illégaux et illégitimes, avec le bras armé du système oligarchique, l'armée américaine. *In fine*, les terriens ainsi vendus représenteraient environ 95 % des cas d'abduction.

A n'en point douter, certaines exocivilisations disposent de capacités, techniques ou mentales pour réaliser des manipulations psychiques extrêmement puissantes.

Cependant, suivant mon appréciation personnelle, je pense que ces flashages mémoriels d'origine exogène sont très minoritaires en regard des très nombreuses altérations psychiques d'origine bien terrestre, comme le sont, par exemple, les rêves lucides qui sont très fréquents...

Ainsi, l'analyse des témoignages des personnes qui décrivent un phénomène d'abduction doit être faite en prenant en compte les mécanismes psychiques endogènes naturels et les faux souvenirs du flashage mémoriel. Ceci change grandement la perception globale de ce sujet...

⊠

EMERGENCE ET ÉVOLUTION DE L'HOMME

Compte tenu des hypothèses sur l'émergence du Vivant, il nous faut nécessairement reconsidérer notre vision de l'émergence de l'Homme. Il y a Homme quand l'encéphale d'un hominidé est capable de se connecter à sa BUAWA, sorte de conteneur externe du profil psychique, capable de capter les lois morales UAA émises par l'entité WOA et mises en œuvre par le BB-planétaire. L OEMII c'est-à-dire l'homme pris dans sa seule dimension physiologique est associé à sa BUAWA et devient alors un OEMMII impliqué dans la grande boucle cybernétique de l'Evolution du Cosmos.

L'ÉMERGENCE D'HOMO HABILIS

Nous avons une indication claire sur l'émergence du premier OEMMII ayant conduit à *Homo sapiens*, c'est *Homo habilis*. Avant, point d'Homme, mais de simples hominidés.

A défaut de moyens techniques d'analyse permettant d'identifier la présence d'un BAYIODUU dans l'encéphale d'*Homo habilis*, nous pouvons juste supposer que sa connexion à BUAWA et sa réceptivité aux lois cosmiques UAA ont induit des comportements déistes.

Entre environ 1 million d'années et 300 000 ans l'*Homo erectus*, le descendant probable d'*Homo habilis*, laisse des traces de manifestations de probables rituels de cannibalismes qui sont en général liés à une théologie.

Quant à l'*Homo sapiens* neanderthalensis sa nature d'OEMMII est nette avec des rites funéraires bien identifiés.

Vous pouvez le constater sur le graphique. Si, sur OYAAGAA une branche de protomammifères dériva en branches successives de mammifères, si l'un de ces phylums se transforma en primates, si de ceux-ci dérivèrent les divers hominidés jusqu'à arriver à l'Homo habilis et aux branches ultérieures, ce fut parce que des mécanismes de sélection et des patrons du B.B. accélérèrent la transformation dans cette dérivation du génotype.

Tôt ou tard les autres animaux auraient fini par se transformer en êtres très semblables à l'Homo sapiens. Autrement dit : Si les OEMII de la Terre disparaissaient, en même temps que les pongidés, les cercopithèques, les platyrrhiniens, et même le reste des mammifères, les classes restantes finiraient par se cristalliser (grâce à une ramification plus accélérée au début) en nouveaux OEMII.

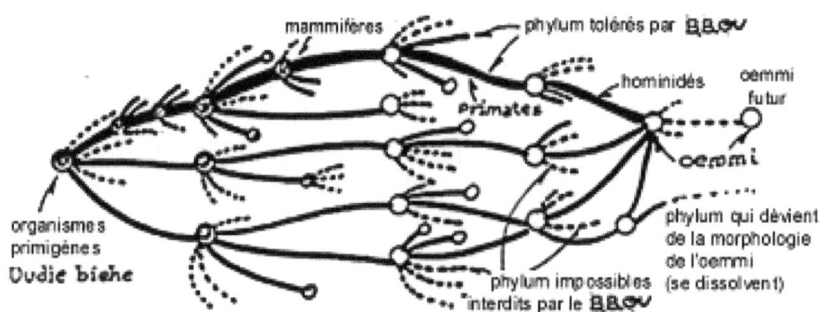

Depuis 2003, la majorité des scientifiques considèrent deux espèces séparées : Homo sapiens et Homo neanderthalensis. Néanmoins, aurait eu lieu en Europe, d'après une étude de 2010 menée par le *Neanderthal Genome Project*, un métissage très partiel entre *sapiens* et *neanderthalensis*, il y a 50 000 à 100 000 ans au Proche-Orient, permettant à ce dernier de participer de 1 à 4 % au génome des Européens actuels. Entre les derniers 100 000 ans et les derniers 10 000 ans de culture proto-historique la connaissance de l'évolution de *Homo sapiens* est très parcellaire et mal connue. De ce fait, de multiples hypothèses ont été formulées quant à une possible ingérence d'exocivilisations sur l'évolution de *Homo sapiens*.

Nous avons vu dans *Présence 1 – Ovnis, Crop Circle et Exocivilisations* les éléments de l'éthique cosmique que nous avons appelé la *Pax Galactica* qui excluent une ingérence socio-culturelle non vitale ou en inadéquation avec la civilisation réceptrice. Plus encore, la structure cosmologique des interconnexions entre les BB-planétaires rend cosmobiophysiquement inter-dépendants tous les humains-OEMMII du cosmos. Ensuite, le lien entre une humanité et son BB-planétaire exclut définitivement la possibilité d'une ingérence sur la structure génétique d'une autre humanité à des fins d'hybridation, par exemple…

Cependant, rien ne s'oppose à ce que des échanges culturels très ponctuels et localisés aient eu lieu dans le passé entre des exocivilisations et des peuplades terrestres, si celles-ci étaient aptes à recevoir certaines informations adaptées à leur état de développement.

Il est navrant de voir combien l'idée reçue est forte que les anciens *Homo sapiens* étaient des abrutis à peau de bêtes. Il est bien probable au contraire, que de nombreuses cultures ancestrales aient été bien plus matures sur certains aspects de leur développement en comparaison avec les cultures du monde actuel…

La mythologie Sumérienne a donné lieu à de nombreux écrits évoquant les ANUNNAKI, les Reptiliens, la planète Nibiru, les Pléïadiens. Certains écrits évoquent ces thèmes sérieusement en respectant les écrits Sumériens originaux, d'autres relevant des fantasmes de quelques affabulateurs…

La popularisation de ces thèmes en a aussi fait des sujets d'inspiration pour la littérature Fantastique ou la Science-fiction… Ceci crée une grande confusion dans le grand public qui ne sait plus trop ce qui relève d'écrits sérieux et argumentés sur une base scientifique et historique vérifiable, ou bien ce qui n'est que mystification et supercherie…. Tout ceci pour le plus grand bonheur des Services Spéciaux chargés de la désinformation… Aussi, allons-nous clarifier certains points de cette thématique devenue nébuleuse…

Qu'est-ce qui est réellement démontré aujourd'hui dans les écrits Sumériens ?

Quelles hypothèses peuvent être sérieusement développées ?

LES ANUNNA SONT-ILS DES EXTRATERRESTRES ?

La mythologie Sumérienne décrit des Dieux nommés ANUNNA qui sont des créatures venues du ciel. Le terme Anunna est le terme générique d'une partie des dieux, alors qu'ANUNNAKI est le nom des Anunna installés sur la Terre (KI). On retrouve ces deux termes dans les textes sumériens, ils font référence à un réel mythe sumérien... Il est attesté à travers des documents historiques, des tablettes avec des écrits cunéiformes.

De nombreux auteurs vont considérer que les divinités sont in fine des êtres extraterrestres. Ces êtres extraterrestres dont personne n'a pu à ce jour identifier la provenance, ni à travers les documents historiques, ni à travers les bribes d'informations dont nous disposons sur les exocivilisations...

Les erreurs d'analyses de nombreux auteurs, les mystifications et la désinformation active des Services Spéciaux, ont conduit à créer une nouvelle mythologie ufologique contemporaine... Mais, pour autant, faut-il exclure la possibilité que les Sumériens, et d'autres peuples anciens aient pu être en contact avec des exocivilisations ?

Ne risque-t-on pas d'avoir une approche trop simpliste et ne risque-t-on pas de jeter le bébé avec l'eau du bain ?

LES ANUNNA AURAIENT-ILS CRÉÉ L'HOMME TERRESTRE ?

Les divinités Sumériennes ANUNNAKI avaient envisagé de transformer l'humain présent avant l'arrivée des Anunna en vue d'en faire des esclaves à leur service.

Un auteur américain du nom de Zecharia Sitchin, se lança dans une longue série d'affabulations pseudo-scientifiques à travers divers ouvrages et fit de cet humain décrit dans les textes Sumériens, un singe transformé, selon ses dires, en un esclave humain par les ANUNNAKI. Les textes de Kharsag, traduits minutieusement par Anton Parks et publiés dans son ouvrage Eden démontrent bien qu'il s'agissait d'un homme. Quant aux moyens de transformation de cet homme sauvage en esclave docile de multiples possibilités sont à explorer...

A l'instar de Zecharia Sitchin de nombreux auteurs peu scrupuleux affirmèrent catégoriquement que les ANUNNA étaient des extraterrestres ayant manipulé génétiquement l'espèce humaine pour l'aliéner. Certains illuminés vénaux en firent de juteuses religions au grand bonheur des debunkers institutionnels...

En supposant que les éléments de la mythologie sumérienne traduisent ici une vérité historique, une exocivilisation a de nombreux moyens de mise sous contrôle domestique d'une population humaine sauvage, sans pour autant devoir la modifier génétiquement.

Une intervention sur le génome humain de la part d'une exocivilisation est une simple hypothèse d'interprétation de la notion sumérienne de transformation de la population humaine sauvage. Au demeurant, une telle éventualité dans son assertion raisonnable, ne concernerait guère que des modifications épi-génétiques réversibles après quelques générations, ou des modifications génomiques infinitésimales. Ceci dans l'hypothèse où une exocivilisation ancienne et expérimenté considèrerait qu'elle a le droit d'intervenir sur le génome d'une espèce humaine indigène. Cette hypothèse, relevant d'une vision eugéniste et interventionniste me semble en contradiction avec la nécessaire maturité intellectuelle d'une exocivilisation apte à réaliser des voyages intersidéraux, parfaitement consciente de l'interdépendance de toutes les espèces humaines du cosmos. De plus, cette hypothèse est aussi en contradiction avec les documents Oummains qui attestent eux d'une déontologie des exocivilisations humaines du cosmos et de règles supervisées par les humains les plus évolués du cosmos. D'après les Oummains, les DOOKAiens observeraient activement leur planète et participeraient à un vaste dispositif d'observation et de protection de la Terre. Ce dispositif comprend de multiples ethnies, il assurerait le rôle de coordination et d'arbitrage, pour les missions scientifiques de différentes races d'extraterrestres venus nous observer.

```
    Il existe ainsi une race d'OEMMII dont la tech-
nologie est au-delà de notre compréhension et qui
semble surveiller différentes planètes en sondant les
OUEWA (nefs interplanétaires) qui y font incursion.
(NR13, 14/04/2003).
```

En conclusion, le simple bon sens d'un humain terrestre, voudrait que si nous-mêmes, nous étions exilés sur une planète en compagnie d'indigènes que nous voudrions soumettre de manière intelligente, il est probable que nous recourrions à une mise sous contrôle avec des moyens psychotroniques… déjà disponibles dans tous les bons rayons des Services Spéciaux bien terrestres… C'est là une solution beaucoup plus simple et beaucoup plus efficace qu'une manipulation génétique sur une espèce inconnue, dont les effets risquent d'être fortement imprévisibles….

Dans la mythologie sumérienne, ce projet de transformer l'humain en vue d'en faire des esclaves avorte grâce à l'intervention d'un personnage dénommé ENKI, qui donnera aux humains les moyens de retrouver leur liberté en les éduquant et en leur communiquant un grand secret. Ce grand secret semble avoir été le savoir de la métallurgie *(cf. le Réveil du Phénix et Eden d'Anton Parks)*.

Enki sera aidé par plusieurs femmes de son clan, comme sa mère Mamitu-Nammu et Ninmah, la matriarche de la cité de Kharsag. Il n'est indiqué dans aucun texte que Enki serait un dieu Anunna. Enki était un être à part, comme son créateur An.

Dans l'esprit des sumériens, les planètes des dieux ANUNNA étaient des montagnes du ciel. Le Dukù (DU-KÙ) saint monticule ou sainte montagne est le point d'origine des Anunna. C'est sur cette planète que les dieux ANUNNA ont été créés par An (le père d'Enki) et que démarrera la grande rébellion des jeunes dieux ANUNNA contre les anciens dieux représentés par Tiamat, la reine suprême. Enki dirigeait un clan dénommé Nungal (ou Igigi en akkadien) qui était en conflit avec les Anunna. Ces jeunes dieux ANUNNA auraient eux même une genèse pour le moins complexe. Quant à Enki sa nature reste très mystérieuse, même dans les tablettes Sumériennes… Les Nungal étaient les Veilleurs de la Bible et seraient selon Anton Parks les suivants d'Osiris et Horus en Egypte. Les suivants d'Osiris et Horus sont nommés Shemsu en égyptien (tiré du mot égyptien Shms suivre, accompagner). Ils étaient répartis en plusieurs groupes. Dans les textes apocryphes se seraient des géants. Les Shemsu égyptiens faisaient près de 2,10 m alors que la taille normale des humains oscillait entre 1,50 m et 1,65 m. Ils étaient là pour protéger le roi Osiris et ensuite Horus. Anton Parks a montré dans ses ouvrages qu'Enki était en fait Osiris en Egypte.

Les différences de taille peuvent mettre en évidence des groupes ethniques ou des races différentes. L'homme de Neandertal par exemple, avait une taille moyenne nettement plus grande (environ 1,85 m) que la taille moyenne de l'Homo Sapiens qui lui était contemporain (environ 1,60 m). De même, que l'homme de Flores avait une taille moyenne très petite, d'environ un mètre. Ceci rend très plausible l'hypothèse que les Shemsu égyptiens étaient une ethnie spécifique. Les Shemsu égyptiens auraient-ils pu être un clan d'extraterrestres dénommé Nungal ? C'est là, une hypothèse qui doit aussi être étudiée parmi les autres…

LES ANUNNAKI ET NIBIRU

Pour se venger de leur échec, les ANUNNAKI pro-esclavagistes bannirent ENKI qui s'enfuit. Comme l'explique Anton Parks dans ses ouvrages, aucune tablette ne dit qu'Enki se serait enfui sur une planète dénommée Nibiru. Ni même qu'une planète nommée Nibiru serait celle des Anunna. C'est une pure invention de Zecharia Sitchin que l'on retrouve entre autres dans son livre *The Lost Book of Enki* et dans lequel il est question d'une série de tablettes qui n'existent absolument pas…

Zecharia Sitchin a leurré ses lecteurs avec cette histoire et a inventé ces tablettes afin d'apporter la fausse preuve de l'existence de Nibiru — thèse qu'il a échafaudée dès son premier livre *La douzième planète*. *The Lost Book of Enki* est une escroquerie monumentale. Depuis énormément de médias, de magazines ont repris cette idée de Nibiru — planète des Anunna. Comme l'indique Anton Parks, le seul lieu céleste mentionné dans les tablettes comme étant celui des Anunna est le Dukù et dans la mythologie sumérienne Enki ne s'enfuit pas sur Nibiru, mais en Afrique, et particulièrement en Egypte. A Sumer, le temple secret et aquatique d'Enki est dénommé Abzu alors qu'en Egypte le temple aquatique d'Osiris se trouvait dans la ville sacrée Abdju (Abydos). Anton Parks a pu effectuer une chronologie des Nungal-Shemsu dans son ouvrage *le Réveil du Phénix*.

Il n'y a évidemment aucun rapport non plus, entre cette fausse planète Nibiru et la vraie planète Eris (ex-Xena), qui se trouve au-delà de Pluton. Mais l'ironie du hasard est ailleurs, dans les documents Oummains. En effet, comme nous l'expliquons dans le documentaire Présence : OVNIs, Crop Circle et Exocivilisations la planète Eris découverte en 2003 par les astronomes terrestres, est signalée 25 ans auparavant, au-delà de Pluton, dès 1979, dans les documents allégués à l'exocivilisation de la planète Ummo… Simple hasard ? Pure spéculation ? La planète Xena dispose d'une écliptique très atypique qui rendit sa découverte très difficile. Or, ces mêmes documents Oummains donnent 25 ans avant la découverte même de l'existence de cette planète, la position orbitale moyenne de cette planète inconnue… Une simple évaluation probabiliste rend totalement impossible un tel niveau de prédictibilité… un quart de siècle avant la découverte de la planète Eris (*Présence 2, Le langage et le mystère de la planète UMMO révélés*).

LES ANUNNAKI ET LA CONSTELLATION DES PLÉIADES

Les Pléiades et les supposés Pléïadiens sont aussi des produits dérivés et tarte à la crème qui traduisent une profonde désinformation, mélangeant comme toujours le vrai et le faux. Pour un œil humain, les Pléiades représentent 7 étoiles. Pour un astronome, il s'agit d'un groupement de plusieurs milliers d'étoiles… Ce groupement de quelque 3000 soleils, situé à quelques 450 années-lumière comportera très probablement des étoiles avec des systèmes solaires où vivent des exocilivilisations.

Ceci est très fortement probable. Mais, d'un point de vue sémantique, parler des Pléïadiens n'a absolument aucun sens… De quelle exocivilisation de cette constellation parlerait-on ? Les références aux Pléïadiens sont donc à prendre avec beaucoup de précautions… Si l'on se réfère aux informations contenues dans les documents Oummains, nous pouvons constater que les exocivilisations les plus éloignées qui nous rendent visite, ne sont pas situées à plus de 150 années-lumière. Ce qui avec les moyens usuels de nos visiteurs et les contraintes cosmologiques, suppose des voyages déjà très longs de quelque 10 années. Un voyage de 450 AL suppose alors un périple d'environ 30 ans terrestres. Cependant, même si un tel voyage reste possible, une telle durée, quel que soit la longévité des êtres humains concernés, rend la chose bien difficile, même pour nos amis d'outre-espace…

Parmi ces multiples exocivilisations des Pléiades, s'il est très probable qu'elles aient un phénotype humanoïde, il est par contre beaucoup moins probable que ce phénotype puisse être confondu ceux de l'*Homo Sapiens* terrestre. Simple question de probabilité....

Concernant les tablettes sumériennes, aucune tablette connue ne stipule explicitement les Pléiades. Néanmoins, plusieurs sceaux en argile associent les dieux Anunna aux 7 étoiles visibles que l'on associe à la constellation des Pléiades. Suivant Anton Parks, le Dukù se trouvait dans les Pléiades. Plus tard, lorsque les dieux s'établirent sur Terre, ils donnèrent à leur cité édifiée dans les montagnes du Taurus le nom du Dukù (ou Dukug) en hommage à leur lieu d'origine (cf. tablettes traduites dans l'ouvrage Eden). Les Anunna et Nungal se seraient retrouvés sur Terre, à l'issu de la bataille contre leur reine Tiamat *(cf. texte de l'Enuma Elish)*. Les ANUNNAKI seraient un groupe de guerriers expatriés sur Terre à cause de la guerre.

A priori, ils n'avaient rien d'autre avec eux que le matériel de base qui se trouvait dans leurs chars volants. Exilés avec des moyens si rudimentaires, qu'ils doivent recourir à de la main-d'œuvre locale...

LES ANUNNAKI ET LES REPTILIENS

Dans la mythologie ufologique de la désinformation, les extraterrestres Anunna seraient de forme humaine, et les Illuminatis pourraient être leurs descendants. Suivant les documents Oummains (D1378) nous pouvons comprendre que notre planète est aux mains des 3 grands groupes oligarchiques humains (Occidental, Russe et Chinois) dangereux, cyniques et corrompus.

L'hypothèse d'origines extraterrestres de ces groupes oligarchiques me semble des plus fantasmagorique. J'ai le sentiment que, encore une fois, la désinformation est à l'œuvre et elle cherche à masquer ces dangereux groupes oligarchiques bien terrestres, derrière un rideau de fumée abracadabrantesque d'Illuminatis soi-disant extraterrestres...

Ceci donne encore une bonne raison de donner les pleins pouvoirs à ces dangereux groupes oligarchiques qui pourraient avoir beau jeu de vouloir protéger les humbles citoyens terrestres des soi-disant méchants Illuminatis extraterrestres... Une dictature mondialement consentante, serait l'apothéose d'une manœuvre dans le pur respect des préceptes de Machiavel qui enseigne que *le Prince doit être craint, mais cependant ne pas être haï. S'il est haï, il retourne le peuple contre lui, s'il est seulement craint, il maintient son autorité et son pouvoir. Aussi est-il de ce point de vue de bonne politique de maintenir la peur, sans pour autant qu'elle se transforme en haine. Un peuple maintenu dans la peur reste tranquille. Il n'ose pas se dresser contre le pouvoir. Un peuple qui se met à haïr son souverain cherchera à le renverser et il suivra ceux qui le conduiront à la révolte.* Tous les tyrans que l'humanité a pu engendrer le savaient. Il existe une habileté calculée, rusée, machiavélique à manipuler l'insécurité et utiliser la peur.

Quant aux Reptiliens qui eux aussi incarnent des personnages inquiétants, Zecharia Sitchin s'était querellé à ce propos avec David Icke. Zecharia Sitchin a sciemment fait abstraction des différents documents sumériens où l'on voit bien des dieux avec une forme crocodilienne ou par extrapolation reptilienne. Zecharia Sitchin voulait que sa thèse colle au maximum avec la Bible. Pour lui les dieux ne pouvaient avoir la forme du Serpent biblique ! Mais voyant sans doute que la vague reptilienne prenait de l'ampleur, il n'a pas trop insisté et a finalement évité le sujet pour surfer justement sur cette vague.

Plusieurs hypothèses peuvent être avancées pour expliquer pourquoi les dieux ANUNNA sont parfois représentés avec une forme crocodilienne.

La première hypothèse est que les références aux animaux du genre reptiliens et, éventuellement, leur lien au genre humain sont les réminiscences d'un lointain souvenir collectif véhiculé à travers les âges. *(cf. ouvrage de Anton Parks EDEN p53)*

Les textes de la première Bible de Jérusalem semblent eux-mêmes clairement s'appuyer sur les écrits Sumériens. Il est probable qu'eux-mêmes ont été les premiers vecteurs d'une transposition écrite d'une longue tradition orale. La mémoire de la connaissance traditionnelle semble avoir véhiculé au fil des âges que les reptiles étaient antérieurs aux mammifères. Ces connaissances ancestrales, sont globalement confirmées par les sciences modernes du XXeme siècle, jusque dans l'évolution cérébrale avec la première théorie en ce sens du cerveau triunique de Paul Mac Lean en 1969. Ceci souligne, au passage, que nos ancêtres, loin d'être des abrutis en peau de bête armée d'une massue, étaient bien au contraire, très fins dans leurs observations du monde et dans leurs analyses… Si cela n'avait pas été le cas, l'humanité ne serait de toute manière même pas arrivé au stade de développement actuel…

On peut néanmoins opposer une objection à cette première hypothèse, pour formuler la seconde hypothèse. Les dissymétries raciales mettent en évidence des groupes ethniques différents. L'*homme de Neandertal* par exemple, avait une taille moyenne nettement plus grande (environ 1,85 m) que la taille moyenne de l'*Homo Sapiens* qui lui était contemporain (environ 1,60 m). De même, que l'*homme de Flores* avait une taille moyenne très petite, d'environ un mètre. Ceci rend alors très plausible l'hypothèse que les Shemsu égyptiens étaient une ethnie spécifique. Les Sumériens font référence aux serpents géants aux mâchoires impitoyables. Ont-ils trouvé des fossiles de dinosaures suffisamment évocateurs du passé carnassier de ces animaux ? Ou bien auraient-ils pu avoir d'autres sources d'information ? Ensuite, nous pouvons aussi nous interroger en quoi et comment ces dragons furieux auraient pu se transformer pour devenir pareils aux Dieux ? Les Shemsu égyptiens auraient-ils pu être un clan d'extraterrestres dénommé Nungal ? C'est là, une hypothèse qui doit aussi être étudiée parmi les autres…

NOUVELLES HYPOTHÈSES SUR LA MYTHOLOGIE SUMÉRIENNE

Si les thèses de Zecharia Sitchin ont connu un grand engouement, c'est parce celui-ci a engagé initialement une véritable recherche scientifique. Cette recherche scientifique était basée sur l'analyse de textes Hébreux issus des Sumériens et des interprétations de documents cunéiformes en Sumérien. Partant, donc d'une bonne base, notre chercheur s'est lancé dans des traductions de mots hébreux et de textes Sumériens, dont il ne maîtrisait pas bien le sens. En effet, bien que peut-être de bonne volonté, Zecharia Sitchin fait d'énormes erreurs de traduction, au point de douter même qu'il sût traduire du sumérien… A aucun moment, il ne dit dans un de ses livres, voici ma traduction de ce texte…, ou quelque chose de ce genre. Ses traductions sortent de nulle part, souvent sans aucune référence. Tant pour ses traductions de l'hébreu qu'il ne maîtrisait pas en profondeur, que pour le sumérien où les erreurs sont encore plus pénalisantes pour la compréhension réelle des textes… Le niveau d'erreurs d'interprétation et de spéculations que fit alors Zecharia Sitchin est tel, que in fine, il construisit une belle histoire… très loin de la réalité des textes originaux. Les élucubrations de Zecharia Sitchin ont conduit à créer une nouvelle mythologie ufologique contemporaine qui fait le bonheur des Services chargés de la désinformation…

Mais, pour autant, faut-il exclure la possibilité que les Sumériens, et d'autres peuples anciens aient pu être en contact avec des exocivilisations ?

Ne risque-t-on pas d'avoir une approche trop simpliste et ne risque-t-on pas de jeter le bébé avec l'eau du bain ?

Les Sumériens et les peuples de l'Indus de cette période (environ – 6000 à – 5000 ans av JC) avaient des cultures très développées propres à intéresser des visiteurs d'outre-espace… Quels seraient alors, les éléments qui pourraient révéler un potentiel contact avec des exocivilisations ?

La mythologie Sumérienne mentionne de manière figurative des divinités ANUNNAKI sous la forme d'êtres hominidé crocodiliens dans certains sceaux (des petits sceaux sumériens ou akkadiens sur argile, imprimés dans des morceaux de glaise). Les dieux sumériens sont représentés avec une apparence reptilienne, mais ce n'est jamais vraiment dit dans les textes. Quelques textes de Kharsag traduits par Anton Parks dans EDEN montrent Enki et Ninmah porter des noms relatifs à des reptiles avec quelques descriptions physiques crocodiliennes, ainsi que quelques références où par exemple les personnages Inanna-Ishtar et son amant Dumuzi sont signalés posséder le visage ou le regard d'un Umshumgal (grand dragon). Par extension imaginative, l'hominidé crocodilien est donc dénommé Reptilien dans la mythologie non justifiée de David Icke et quelques autres…

Comme nous l'avons exposé dans l'ouvrage *Présence, Ovnis, Crop Circles et Exocivilisations*, les documents Oummains mentionnent la visite d'êtres hominoïdes dotés d'une peau écailleuse. Ceci est manifestement très similaire à la dénomination d'un physique de Reptilien, mais une peau écailleuse ne préjuge en rien du genre d'un être vivant. Des êtres hominoïdes dotés d'une peau écailleuse peuvent parfaitement être du genre des mammifères… ou des poissons !

En 2007, dans *PRESENCE Ovnis, Crop Circles et Exocivilisations* nous avions présenté 18 exocivilisations présentes en permanence sur Terre. En 2015, elles sont maintenant 23.

Les plus nombreuses, 19 exocivilisations, sont bienveillantes et agissent positivement sur le devenir de l'humanité terrestre. Quelques-unes peuvent être considérées comme amorales dans leurs pratiques, comme le cas des GOHOiens.

Reste le cas très spécial que nous avions aussi évoqué dans les ouvrages précédents, des 2 — iens.

Un autre élément troublant qui pourrait aussi conforter l'hypothèse que les Sumériens aient pu avoir des contacts avec ce genre de visiteurs d'outre-espace, est la chronologie mentionnée dans les documents Oummains. Leur présence sur Terre étant attestée depuis plus de 30 000 ans. Ce qui est compatible avec un antique contact avec les Sumériens ou les Akkadiens…

Les 2 — iens sont de grande taille, soit entre 2 et 3 mètres. Comme indiqué par Anton Parks, les Suivants de Enki, les Shemsu égyptiens faisaient près de 2,10 m alors que la taille normale des humains oscillait entre 1,50 m et 1,65 m.

Les 2 — iens sont connus de nos amis d'UMMO pour leur peau écailleuse et livide, leur tête de serpent et leur parler sifflant qui a répandu de multiples rumeurs de reptiliens.

Il ne faut pas négliger, non plus, le fait que la tradition sumérienne présente le Peuple Serpent comme des êtres de pouvoir et de connaissance. Ils habitent les montagnes élevées du Kurdistan, d'où ils sont descendus pour apporter aux hommes les bienfaits de la civilisation.

En conclusion, malgré de nombreuses histoires à ce sujet qui sont totalement fantasmagoriques, à but lucratif et probablement en vue de désinformer sur le sérieux de l'information elle-même… il ne faut pas exclure la possibilité réelle et sérieuse que Sumériens ou Akkadiens aient pu être en contact avec les 2 — iens qui sont toujours présents sur Terre…

LES AMÉRINDIENS ASHIWI ET LES EXOCIVILISATIONS

Des contacts éthiques entre les terriens et des exocivilisations ont-ils pu laisser des traces culturelles dans les cultures autochtones ? Des éléments peuvent laisser penser que les amérindiens Ashiwi ont aussi pu être en contact avec une exocivilisation, il y a environ 3 000 ans.

Lors de la première présentation de mes recherches aux USA, février 2010, au Congrès Ufologique de Laughlin, j'avais eu une visite étonnante. Le chef-chaman de la tribu des Zunis. Ou plutôt les Ashiwi comme ils se nomment eux-mêmes, le nom officiel de Zunis ayant été donné par les Espagnols. Le chef-chaman Clifford Mahooty, était venu me voir comme si il me connaissait depuis toujours, et me désignait immédiatement comme un brother. Ce m'avait fortement étonné, mais notre sympathie mutuelle ne s'est pas démentie au fil de nos rencontres, bien au contraire, les convergences de vues et nos échanges ont été des plus riches…

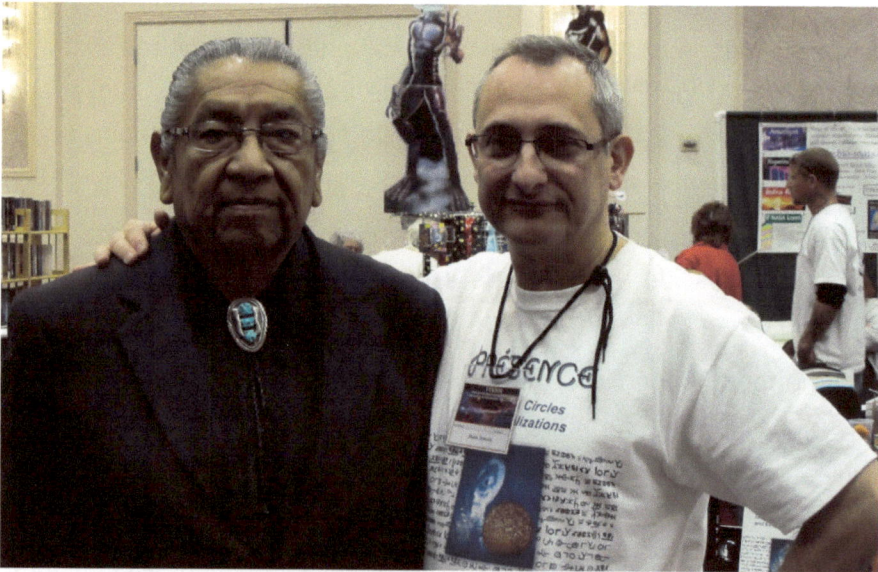

Elder chaman Clifford Mahooty et Denis Roger DENOCLA
UFO congress Laughlin Nevada USA 2010

Le territoire des Ashiwi, c'est-à-dire ceux où chacun est spécifique, se trouve au sud-ouest de la ville d'Albuquerque. Cette zone est sillonnée par le Zuni Canyon qui débouche sur le Grand Canyon, plus à l'Ouest. Clifford Mahooty m'informe rapidement que le territoire Zuni est très UFO-actif depuis les années 60. Les visites d'engins nocturnes aux déplacements hiératiques et fulgurants sont réellement nombreuses, 1 à 2 fois par mois environ. Arrivant souvent par le sud du Zuni Canyon. Parfois en plein jour. A plusieurs reprises des engins ont stationné à ras du sol. Comme en 2001, où une sonde automatique de 3 mètres de diamètre environ s'est posée à quelques dizaines de mètres de son habitation sur une zone de culture de maïs. Depuis, à cet emplacement la végétation est rabougrie et le maïs ne pousse plus du tout.

Plusieurs autres indiens de la tribu, dont un archéologue Zuni, un soir de 2005 sur une route proche du village se sont trouvé nez-à-nez avec un engin de plus d'une quinzaine de mètres de diamètre en vol stationnaire à ras du sol. L'un des indiens effrayé voulut tirer sur la machine avec une carabine de chasse de gros calibre, mais mon ami Dan l'archéologue Zuni, l'en dissuada… Ils restèrent à distance jusqu'à ce que l'engin reparte avec quelques oscillations et une vitesse fulgurante…

Voilà quelques exemples de rencontres que l'on peut faire sur le territoire Zuni, et tous les habitants connaissent le phénomène. Pour une grande partie d'entre eux, ceci est normal, d'autant que le chef-chaman de la tribu des Zuni va me raconter l'histoire et la mythologie de la tribu. Celle est nettement différente de la version officielle... Dans cette mythologie, la genèse de la culture du peuple Zuni vient des Kachinas. Les Kachinas sont représentés par des personnages colorés et masqués qui incarnent lors des danses rituelles, pas seulement des esprits comme le politiquement correct veut bien le laisser croire. Mais tous les grands principes culturels de la société Ashiwi, sous un angle bien particulier…

Prenons l'exemple d'un Kachina usuel de type children of incest qui sont des personnages hideux et fous qui symbolisent les effets dangereux de potentielles relations d'inceste et de consanguinité. Chaque famille a en charge la transmission de la mémoire orale d'un type de Kachina avec toute sa symbolique. Ce que l'on ignore, c'est que pour la plupart de ces Kachinas, l'origine de chacune de ces symboliques est associée à…. un peuple du Cosmos !

Un autre point totalement méconnu, est que des Kachinas géants seraient à l'origine du fondement de la culture Zuni, de ces valeurs morales et sociales. Très clairement, Clifford Mahooty m'explique que les Zunis auraient été en relation avec une civilisation extraterrestre qui leur aurait donné de nombreuses connaissances. Clifford m'indique notamment, que dans le domaine de l'astronomie, les Zunis connaissent depuis toujours l existence de certaines nébuleuses totalement inconnues avant l'apparition des puissants télescopes. Pour moi, les Kachinas géants qui seraient à l'origine du fondement de la culture Zuni, évoquent immédiatement quelque chose de bien précis…

En effet, j'attire l'attention de Clifford sur le tableau des races extraterrestres que j'ai publié dans *Présence, Ovnis, Crop Circles et Exocivilisations*. Suivant la terminologie des Oummains, les IOXiens sont des extraterrestres de grande taille, de quelque 3 mètres de haut environ, qui auraient commencé leurs visites sur Terre en 896 avant-JC, soit une présence initiée il y a quelque 3 mille ans ! L'hypothèse que les Kachinas géants soient les IOXiens paraît très plausible pour Clifford Mahooty tant sur la chronologie que sur le contenu moral. Car les sources Oummaines précisent que les IOXiens sont dotés d'une grande intelligence et d'une morale stricte. Ils sont donc de bons candidats pour avoir diffusé des orientations morales aux Zunis d'une part, et aux Hopi d'autre part.

Cette ancienne exocivilisation serait intervenue bien avant la *Pax Galactica* des années 80, à une époque où le niveau d'acceptation des terriens était facilement gérable par nos visiteurs, alors peu fréquents. Ceci nous donne une bonne hypothèse pour cette ancienne exocivilisation.

Mais pourquoi une telle UFO-activité depuis les années 60 ?
J'interroge le chef-chaman sur ce qui sont pour moi des points clés logiques cruciaux. A-t-il connaissance de rumeurs d'installations nucléaires secrètes sur le territoire Zuni ? De telles installations dans les années soixante n'auraient pas manqué de générer une surveillance active de la part des exocivilisations qui nous côtoient. Clifford n'exclut pas cette hypothèse, les travaux auraient pu être réalisés de nuit à l'insu de la tribu.

Le territoire Zuni inclut une zone volcanique inactive. Ce type d'activité géologique intéresse nombre d'exocivilisations et elle pourrait-être une source de curiosité et d'étude pour nos visiteurs. Cependant, cette activité volcanique n'est pas contemporaine et ne peut pas être corrélée avec la période des années 60. Par contre, je suggère à Clifford que cette activité volcanique et le relief typique des canyons monumentaux, pourraient avoir été un des motifs qui auraient pu motiver les IOXiens à venir dans la région il y a 3 mille ans.

Bien que l'hypothèse de sites nucléaires civils ou militaires soit fréquemment la cause d'une zone UFO-active, je prends en compte une donnée particulière. Celle de l'historique de la relation entre les Zunis et les probables IOXiens. Cette relation ancienne avait pu nécessiter la mise en place d'une infrastructure logistique IOXIENNE. Cette base IOXIENNE pouvant être toujours une base active y compris pour d'autres exocivilisations. Ou bien encore, cette base IOXIENNE pourrait être un lieu exo-historique, une sorte de Mont-Saint-Michel des exocivilisations…. Cette hypothèse retient aussi l'attention de Clifford, qui m'indique qu'il connaît aussi l'existence de pétroglyphes qui n'ont jamais été étudiés dans cette zone difficile d'accès.

Conclusion sur l'influence des Exocivilisations

En conclusion, il faut se garder des conclusions hâtives et simplistes, et se défier des idées reçues véhiculées pernicieusement pour brouiller les cartes… A qui profite le crime ?

Si des exocivilisations ont, ou ont eu, de bonnes raisons d'entrer en relation avec des humains terrestres, l'exigence de l'authenticité historique doit être recherchée avec ténacité y compris à travers les mythes et légendes.

Même si la mythologie Sumérienne n'avait que des bases historiques ténues, elle n'en est pas moins une mythologie fondatrice des grands textes religieux du Moyen-Orient. Ceci ébranle déjà largement ces dogmes religieux et la simple hypothèse que cette mythologie puisse aussi avoir un lien étroit avec une exocivilisation pourrait-être un coup de grâce pour les dogmes anthropocentrés…

L'ÉVOLUTION FUTURE POSSIBLE DE L'HOMME

Le générateur WOA semble avoir eu la bonne idée de générer une quasi-infinité de cosmos qui suivent les mêmes modes de structuration avec des variantes, mais *in fine* toujours avec des êtres capables de jouer le rôle cybernétique attendu. Suivant les calculs des Oummains, il y aurait 10^{30} races d'humains dans le Multi-cosmos WAAM-WAAM. Quant aux formes d'êtres vivants seules quelques millions de milliards de formes seraient possibles sur chaque planète-OYAA.

Normalement, un nœud d'un phylum (arborescence) peut donner naissance à environ deux cents vingt mille (en moyenne) nouvelles branches ou phylums grâce à une mutation dirigée, c'est-à-dire contrôlée. Dans certains nœuds on a détecté (approximativement) 18 376 000 possibilités de mutations tolérées par le BB-planétaire.

Pouvons-nous étudier la phylogénie possible sur les différents OYAA (astres froids) du WAAM-WAAM? Evidemment non! Il se peut que les êtres vivants possibles se comptent par trillions ou quadrillons. Nous avons calculé que le WAAM pourrait coder jusqu'à $5,2 \times 10^{18}$ modèles, mais l'imprécision du calcul fait suspecter qu'ils pourraient être beaucoup plus. De ces patrons primaires peuvent se dériver des milliers de millions (individus ou exemplaires), de sorte que l'ordre de grandeur pour tout le WAAM-WAAM atteindrait un chiffre d'exemplaires possibles différents de 10^{526} (ordre de grandeur)

Les indications contenues dans les documents Oummains nous expliquent clairement les grandes lignes de l'évolution des êtres vivants et de l'Homme.

- Premier stade : Organisme qui a des réflexes simples, et qui réagit directement au stimulus du milieu physique.
- Second stade : Organisme capable de traiter l'information et qui dirige sa conduite de façon déterministe non seulement en vertu du milieu, mais aussi de l'information mémorisée.
- Troisième stade : Organisme (OEMII) (Homme) dont le cerveau a expérimenté un saut quantique qui lui permet d'être conscient, relativement libre,

230

et connecté à BUAWAA (Psyché), à BUAWEE BIAEII
et dont la conduite contribue à modeler le WAAM-
WAAM

- Quatrième stade : le OIXIOOWOA. La probabilité
que surgisse une mutation OIXIOOWOA (Une seule
dans un cerveau déterminé) et au cours des dix
premiers millions d'années d'un réseau d'OEMMII,
est très élevée (probabilité proche de un) et
qui atteint l'unité si se sont écoulés au moins
treize millions d'années. Il est très rare que,
sur une période de quinze à vingt millions d'années (si l'humanité survit), il se produise une
mutation identique (Note 4).

[Note 4] — La loi de distribution de fréquences
dans le temps suit une fonction très singulière, graphique que nous exposons ensuite. Dans chaque réseau
social de n'importe quel astre froid, un seul individu de cette espèce nommée OEMMIIWOA, est engendré
par hasard pour la première fois. Ensuite il s'écoule
un large intervalle de temps sans que se produise le
phénomène, dont l'éclosion ne se reproduira qu'au bout
de plusieurs millions d'années. La mutation OIXIOOWOA
engendre par conséquent un type de cerveau radica-
lement différent de celui de l'OEMII dont il procède.
L'OEMIIWOA ainsi conformé, est une espèce biologique
nouvelle avec un génome distinct. [fin Note 4]

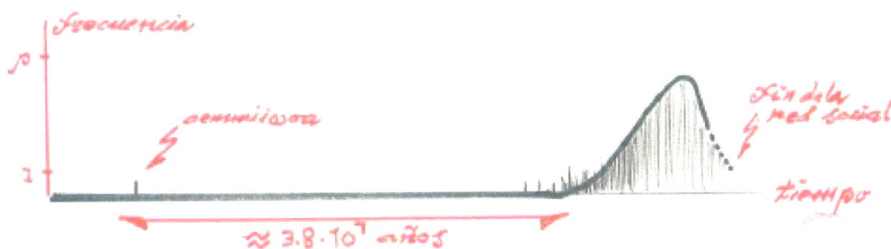

Passés trente-huit millions d'années, il se produit un phénomène biologico-physique surprenant.
Presque tous les cerveaux ont muté. Cependant six
millions d'années avant cela, des centaines de mil-

liers d'êtres OEMII avaient expérimenté cette mutation qui les convertissait en cerveau OIXIOOWOA. Au
bout de quelques années (pas plus de cinquante ans),
l'organisme humain qui abrite ce cerveau DISPARAIT.
(Remarquez que nous ne disons pas qu'il meure, mais
qu'il disparaît). Mais il est clair que si toute la
population qui peuple l'astre froid arrive à ce stade,
l'humanité cesse d'exister.

Nous avons vu à travers les livres précédents, que de nombreuses exocivilisations, essentiellement bienveillantes, étaient présentes sur Terre, parfois depuis des dizaines de milliers d'années. Dans le cadre de l'évolution humaine de la Terre, chaque citoyen de notre planète peut légitimement se poser les questions suivantes :

Comment sont organisés nos visiteurs sur leurs planètes ?

Comment gèrent-ils leur planète ?

Quelle est leur organisation politique ?

Quelle structure économique ont-ils ?

Autant de questions qui peuvent nous faire réfléchir sur notre propre développement socio-économique. Qu'en est-il de la démosophie, du sociétalisme, l'éthocratie ?

Quel genre de société que nous pourrions imaginer pour demain ?

Tel est le sujet de la discussion que nous aurons dans
PRÉSENCE 4 Vers un nouveau monde... avec les Exocivilizations.

☒

12

Conclusion générale

A travers la *Théorie Cosmobiophysique des 3 Tiers*, j'ai tenté de présenter des éléments de réponses à de grandes questions traditionnelles de l'humanité. D'où venons-nous, quelle est la place de l'Homme dans l'univers, quel peut-être notre devenir?

Ainsi, ces hypothèses proposent de nouvelles explications bien au-delà des limites de nos connaissances actuelles.

Notre Univers, au moins décadimensionnel, serait donc constitué de feuillets de paires de cosmos, pilotés par un BB-global. Les astres, eux, sont connectés et pilotés par leur BB-planétaires spécifique, grâce à un effet LEIYO sur le krypton qui se produirait au seuil de la constante kryptonique. Ceci initialiserait un processus qui conduira à l'émergence du Vivant à partir de la matière inerte. Ainsi, la chaîne de krypton du BAAYIODUU pilote-t-elle les regroupements d'acides aminés pour constituer des ARN-archaïques, qui seront rapidement encapsulés pour créer les premières entités autoreproductibles vivantes.

Le grand cycle d'une Evolution orientée est lancé sous le contrôle de la chaîne de krypton du BAAYIODUU, il suit les lois cosmobiologiques de la phylogénie et de l'orthogenèse qui aboutiront aux êtres Humains OEMMII dans les cosmos. Ceux-ci sont partiellement sous le contrôle de l'entité informative autonome de conformation du psychisme BUAWA.

Ce nouveau cadre cosmologique permet de rationaliser de nombreux sujets qui relevaient du paranormal ou de la Métaphysique. Plus que jamais science et conscience se retrouvent unies pour nous aider à progresser vers un monde que nous voulons tous plus juste, plus paisible et plus heureux.

Dans une lointaine perspective, peut-être rejoindrons-nous les civilisations humaines les plus sages qui évoluent vers une espèce dont le niveau de complexité sera équivalent à leur pilote cosmologique, le BB-planétaire...

Certaines de ces hypothèses pourraient être vérifiées expérimentalement de nos jours. L'inspiration de ces hypothèses étant due à des documents revendiqués par une exocivilisation, cela donne à l'ensemble de la démarche un caractère hors du commun et une extrême difficulté psychologique de lecture et d'acceptation. Mais tels sont les faits.

Ainsi, en plaçant ma confiance dans l'Histoire, le plus audacieux pari que je puisse faire de nos jours, est que les hypothèses de la *Théorie Cosmobiophysique des 3 Tiers*, soient simplement étudiées et testées...

L'auteur interdit strictement la référence à ses recherches à des fins religieuses.

Quand nous violons une norme divine, nous le faisons en fonction d'une attitude entropique. Tout péché social, toute faute contre ce que vous appelez la Charité (l'amour) dissout à un plus moins grand degré la coordination d'un Réseau social.

Si je provoque un préjudice à mon frère, je peux provoquer une inhibition de ses fonctions observatrices, je contribue à un certain niveau à ralentir le plan de captation d'information du WAAM, c'est-à-dire

234

que je contribue à créer de l'ENTROPIE, du DÉSORDRE, en ralentissant le progrès du Pluriunivers.

Ceci mérite la condamnation de la part de tous les OEMII du WAAM—WAAM, puisqu'il NOUS porte gravement préjudice.

MANIFESTE POUR LA RECONNAISSANCE DES EXO-CIVILISATIONS

Ce manifeste expose quelques principes élémentaires pour établir des relations justes et durables avec toutes les exo-civilisations

DROITS DES EXO-CIVILISATIONS

Reconnaissance officielle

Application des droits de l'Homme

Application des Conventions de Genève

Restitution des corps des explorateurs défunts

DEVOIRS DES EXO-CIVILISATIONS

Respect des conventions et résolutions de l'ONU

Respect des droits des Etats

Respect de l'intégrité des biens et des personnes

☒ la reconnaissance des Exo-Civilisations dans la Constitution ;

☒ le refus de la xénophobie anti-Exo-Civilisations ;

☒ le refus de la militarisation, des armements et de la guerre contre les Exo-Civilisations ;

☒ exiger que les dirigeants politiques rendent des comptes sur la censure des Exo-Civilisations.

D. R. DENOCLA

Le Savoir pour qui et pourquoi ?

BIBLIOGRAPHIE

La sources des documents oummains proviennent du site www.ummo-sciences.org et www.ummo-ciencias.org et de D.R. DENOCLA.

Alexandre Oparin L'origine De La Vie, 1938, éditions Masson

Andréï Sakharov   Œuvres (scientifiques) complètes   Edition Anthropos (ouvrage disparu des catalogues!)

Budd Hopkins' Intruders: The Incredible Visitations at Copley Woods' Three Rivers Press; Édition, 1992

Christian de Duve A l'écoute du vivant, éditions Odile Jacob, 2002

Francis Crick, La vie vient de l'espace, édition Hachette, 1981.

Daniel Verney L'Astrologie et la science futur du psychisme, édition Le Rocher, 1987, Monaco.

Denis Roger DENOCLA Acid Jones et le mystère du temple de la science édition ADDOM, 1990.

Dr. Hyman' The Mischief-Making of Ideomotor Action' in the Fall-Winter 1999 issue of The Scientific Review of Altrnative Medicine, ©1999, Prometheus Books.

Jacques Pazelle, communications personnelles.

John Maynard Smith et Eörs Szathmary, Les origines de la vie, éditions Dunod, 2000

Ludwig Von Bertalanffy : Théorie du système général Edition Dunod, 1993.

Marie-Christine Maurel La Naissance de la vie, éditions Dunod, 2003

Michel Marcel, communications personnelles.

Percy Seymour' Astrology: the Evidence of Science', Arkana, édition Penguin, 1988, Londres.

Stephen Jay Gould' Ontogeny and phylogeny',1997, editions Belknap Press (janvier 1985)

Stephen Jay Gould, La structure de la théorie de l'évolution, 2007, NRF - Gallimard

Tsiang Kan Zheng, revue AURA — Z n° 3, 1993

Yvonne Smith' Chosen. Recollections of UFO abductions through hypnotherapy', 2008, éditions Backstage Entertainment.

Webographie:

http://fr.wikipedia.org

http://plato-dialogues.org

http://www.antonparks.com

http://www.astrosurf.org

http://www.cafe.edu

http://www.cropsciences.org

http://www.futura-sciences.com

http://www.gillescosson.com

http://www.mineralinfo.org

http://www.pnas.org

http://www.quackwatch.org

http://www.scedu.umontreal.ca/profs

http://www.sciencedirect.com

http://www.societechimiquedefrance.fr

http://www.quanthomme.free.fr

http://www.morpheus.fr

BIBLIOGRAPHIE

http://www.tci-france.com/

© 2013, UMMO WORLD Publishing
8 Esp. de la Manufacture
92136 Issy-les-Moulineaux

Imprimé par :
Graphic Systems.Com
69 chemin de la Chapelle St Antoine
95300 Ennery

Achevé d'imprimer en septembre 2013
Dépôt légal : septembre 2013
Imprimé en France

www.ingramcontent.com/pod-product-compliance
Lightning Source LLC
Chambersburg PA
CBHW050825220326
41598CB00006B/316